거실육아

엄마가 만드는
최초의 학군지

거실육아

임가은 지음

멀리깊이

최초의 학군지로
당신을 초대합니다

"당신을 명문대로 오게 한 건, 개인의 역량과 환경 중 무엇인가
요?"

인스타그램의 한 채널*에서 하버드대학을 방문해 이와 같은 질
문을 던졌다. 질문을 받은 세 명의 학생 모두가 개인의 역량보다
는 환경이 중요하다고 대답한 것이 인상적이었다. 그중에서 한 학
생은 "개인의 역량이 아무리 뛰어나도 환경이 조성되지 않으면 자
신의 역량을 드러낼 기회조차 가질 수 없다"라고 대답했다. 즉, 개
인의 역량을 쌓는 것도 중요하지만, 환경이 전제되지 않으면 뛰어
난 역량도 쓸모가 없을 수 있다는 뜻이다. 이는 비단 하버드대학

---

* @find_middle 채널 내 '명문대 가려면 집안 배경 vs 개인 역량' 영상

의 학생뿐만이 아니라 우리 모두의 아이에게도 적용해 볼 수 있는 명제다. 아이는 양면의 힘을 가진 존재다. 무엇이든 충분히 될 수 있는 강한 존재이기도 하지만, 기회가 주어지지 않으면 두각을 나타낼 수 없는 약한 존재이기도 하다. 그렇기에 모든 아이에게는 무한한 가능성이 있지만, 어떤 기회를 만나느냐에 따라 다른 삶을 살게 된다.

그렇다면, 아이에게 역량을 드러낼 기회를 주는 것이야말로 부모가 가진 특별한 역할이 아닐까? 나는 이 기회를 아주 먼 곳에서 찾을 것이 아니라, 우리 생활 근접 공간에서 찾아야 한다고 말하고 싶다. 아이의 삶이 시작되고, 부모와 함께 공존하는 거실이라는 공간에서 말이다. 거실을 평범한 공간에서 기회의 공간으로 탈바꿈하는 비법은 바로 '교육 환경 구성'에 있다. "환경이 바뀌면 사람의 행동이 달라지고, 행동이 달라지면 생각이 달라지는 거죠." SBS 스페셜 방송을 엮은 《내 아이 어디서 키울까》라는 책에서 유현준 건축가가 한 말이다. 이처럼 좋은 환경은 아이의 행동을 바뀌게 하고, 바뀐 행동의 힘은 결국 삶을 변화시킨다. 그렇다면 아이의 어떤 환경부터 변화시켜야 할까?

우리는 환경이라고 하면 만나는 사람, 사는 장소 등 '외부 환경'을 먼저 떠올린다. 하지만 아이가 태어나자마자 가장 자주 접하는 환경은 외부가 아닌 '내부 환경'에 존재한다. 내부 환경의 가장 큰 장점은, 외부 환경보다 조절할 수 있는 영역의 범위가 넓다는 것이다. 그렇기에 우리는 제어할 수 없는 외부 환경에 에너지를 쏟을

게 아니라, 내부 환경을 어떻게 변화시킬지로 시선을 돌려야 한다. 거실을 변화시키는 게 환경을 변화시키는 가장 확실하고 빠른 방법인 이유다.

이제 유현준 건축가의 말은 이렇게 바꿀 수 있다. "거실이 바뀌면 아이의 행동이 달라지고, 행동이 달라지면 아이의 생각이 달라지는 거죠." 오늘이라도 당장 시작할 수 있는 내부 환경을 바꾸려고 노력할 때 아이의 진정한 변화가 시작된다. 하지만 중요성을 인지했더라도, 어떤 것에서부터 변화를 시작해야 할지 막막할 수 있다. 막막함이 행동으로 이어질 수 있도록, 고민이 될 때마다 참고할 수 있는 구체적인 방법들을 이 책 안에 담았다. 아이가 가진 역량과 가능성이 자연스럽게 발현될 수 있는 거실을 위해 '거실 환경, 거실 공부, 거실 대화, 거실 인프라' 네 가지 장으로 분류해 설명하고자 한다.

거실은 우리 아이가 가장 처음 만나는 교육 환경이다. 이곳에서 아이는 처음 세상을 접하고, 세상은 믿을 만한 곳이라고 느끼게 되는 사람을 만난다. 부모는 아이가 세상을 접하는 태도를 만들 수 있고, 살아가는 중요한 동력인 신뢰라는 뿌리를 내리게 할 고유한 존재다. 누구에게나 거실은 있지만, 누구나 좋은 거실을 만들 순 없다. 누구에게나 역량은 있지만, 누구나 역량을 드러낼 기회를 만나진 못한다. 좋은 거실을 만드는 핵심 열쇠는, 아이의 교육 환경을 구성해 줄 우리의 마음과 행동에 달려 있다. 엄마가 만드는 우리 아이 최초의 학군지, 거실이라는 공간을 만들어 갈 유일한 당신

거실육아

을 초대한다. 이 과정을 통해 각 가정의 거실이 아이가 가진 역량
이 드러나는 기회의 공간이자, 서로의 삶을 지탱해 줄 최전선의 안
식처가 되기를 깊이 소망한다.

새벽의 거실에서

임가은

목차

Part. 2

거실 공부:
거실에서 한 번 더 도전하는 아이들

거실 대화:
거실에서 다시 일어나는 아이들

거실 인프라:
거실육아를 완성하는 조력자

거실 환경:
엄마가 만들어 주는
최초의 학군지

Chapter. 1

거실은 내 아이가 만나는
첫 번째 학군지

"나 학군지로 이사 가려고 대출받았어."

"지금 아니면 못 갈 것 같아. 더 늦기 전에 가야지."

학군지는 아이를 키우는 부모라면 한 번쯤 고민해 보는 주제다. 학군의 사전적 의미는 중학교와 고등학교의 통학 가능 범위를 지정하고 그 범위 내의 학교들을 통칭하는 군을 뜻한다. 좋은 중학교에 입학하기 위해서 초등학교 때부터 원하는 학군 근처로 이사 가는 맹모삼천지교의 부모가 많다. 좋은 학군지의 기준은, 공부에 관심이 많은 아이의 비율이 높은 곳, 그리고 학업에 대한 인프라가 잘 구축된 곳이 아닐까 싶다. 그렇기에 당연히 집값도 비싸다. 그러나 이보다 더 큰 문제는 모두가 좋은 학군지에 살 수는 없다는

데 있다. 학군지 하나를 변경하기 위해 부모가 가진 모든 자원을 쏟아붓는 현실이 과연 옳은 것일까? 나는 그렇지 않다고 생각한다. 우리가 오히려 관심을 두어야 할 학군지는 따로 있다. 바로 아이가 첫 번째로 만나는 교육 환경인, 우리 집 거실이다. 이곳이야말로 우리 아이가 눈을 뜨고 만나는 첫 번째 공간이다. 온 짐을 이고 지고 이사 가야지만 찾을 수 있는 환경이 아니라, 아이와 오늘부터 함께 만들어 갈 수 있는 가장 가까운 교육 현장이다.

우리 아이의 첫 번째 학군지, 거실

°°°

'학군'은 배울 학(學), 무리 군(群)을 합한 한자어다. 배우는 사람들이 모여 있다는 뜻이다. 학교나 대학 등 배우는 사람들이 모여 있는 공간의 공통점은 다양한 관점을 가진 사람들이 모여 서로의 성장을 위해 함께 노력한다는 것이다. '가정' 역시 위 공간의 공통점을 가지고 있다. 서로 다른 관점을 가진 사람들이 옹기종기 모여 가장 가까운 곳에서 서로의 성장을 돕는다. 부모는 아이에게 배우고, 아이는 부모에게 배운다. 그러나 학교와 가정의 가장 큰 차이점을 꼽으려면 가정에선 아이가 '졸업'하지 않는다는 점이다. 가정은 졸업제도가 통하지 않는 지구상 유일한 공간이다. 가정에서는 서로에게 평생 배울 수 있다.

하지만 평생을 배운다고 해서 시간이 마냥 넉넉한 것만은 아니다. 좋은 학군지로 이사 가는 시기가 정해져 있듯이, 좋은 가정을 만들기 위한 '거실 시의성' 역시 존재한다. 거실 시의성이란, 거실 교육의 중요성을 인식하고 아이를 위한 거실 교육 환경을 구성하는 일을 말한다. 어디에나 있는 학군이 아닌 '좋은 학군'이 중요한 것처럼, 어디에나 있는 거실이 아닌, '좋은 거실'을 만들기 위해 노력해야 한다. 이 공간이야말로 우리 아이가 매일 보고, 듣고, 느끼는 첫 번째 교육 환경이다. 지금 당장 거실 육아를 시작하지 않을 이유가 있을까?

좋은 거실을 구성하는 세 가지 요소:
만나는 사람, 인프라, 분위기

∘∘∘

아이에게 좋은 거실이란 무엇일까? 거실을 학군지로 비교했기에 좋은 학군지에 빗대어 세 가지 기준을 생각해 보고자 한다. 좋은 학군지를 구성하는 요소는 만나는 사람, 인프라, 분위기다. 만나는 또래가 남다르고, 학원을 비롯한 원하는 교육 환경에 언제든 접근 용이하며, 공부하고 싶은 분위기가 형성되어 있다. 좋은 거실의 기준 또한 만나는 사람, 인프라, 분위기라고 말할 수 있다.

좋은 거실은 첫 번째, 의지할 수 있는 사람을 만나는 공간이다. 거실에서 아이들은 매일 부모를 만난다. 우리가 이사를 각오하면서까지 찾아가는 학군이란 우리 아이가 삶을 살아가며 의지하고 도움을 주고받는 관계를 만나길 원하는 곳이다. 가정에서 만나는 부모야말로 그런 역할을 해줄 수 있는 사람이다. 아이가 앞으로 살아갈 삶에서 고민을 마주할 때 방문을 닫아걸고 부모와 자신을 타자로 놓는 것이 아닌, 문을 열고 나와 속마음을 털어놓는 관계가 시작되는 곳이다.

두 번째, 인프라가 갖춰진 공간이다. 학군지를 이야기할 때 인프라를 빼놓을 수 없다. 인프라의 사전적 의미는 생활 기반을 형성하는 중요한 구조물을 뜻한다. 즉, 학군지는 아이들의 생활 기반을 이루는 의미 있는 기관들이 많이 모인 곳이다. 학원, 편의시설 등을 들 수 있다. 그렇다면 거실 역시 답이 나온다. 아이들의 생활 기반을 이루는 의미 있는 구조물로 거실 환경을 구성하면 된다. 아이들이 책을 읽을 수 있는 독서 환경 조성, TV의 배치 여부, 거실 대화의 핵심인 식탁 선택, 거실 공부의 보조 역할을 할 소파 배치 등을 들 수 있다. 이처럼 우리는 인프라 조성을 통해 아이들이 거실에서 놀이, 쉼, 공부를 원활히 할 수 있도록 도와줄 수 있다.

세 번째, 학습 분위기가 형성된 공간이다. 학군지에 가는 주된 이유도 면학 분위기가 잘 형성되어 있기 때문이다. 면학(勉學)을 한자어로 살펴보면 학문에 힘을 쏟는다는 뜻이다. 학문(學問) 또한 한자어로 살펴보면 어떤 분야를 체계적으로 배워서 익힌다는 뜻이다. 한마디로 면학 분위기란 배움에 힘을 쏟는 분위기라 할 수 있겠다. 그렇다면 거실에서 만들어야 할 분위기도 답이 나온다. 배움에 힘을 쏟을 수 있는 분위기를 형성하면 된다. 면학 분위기는 앞서 언급한 사람과 인프라로 만들 수 있다. 부모가 거실에서 아이와 함께 공부하고, 인프라 역시 배움에 적합한 구조물로 형성되어 있으면 면학 분위기가 자연스레 형성된다. 여기서 배움이란 공부만을 뜻하지 않는다. 부모와의 대화 등 배워서 학습할 수 있는 모든 것을 말한다.

거실은 예로부터 가족이 늘상 모여 생활하는 곳이었다. 나 역시 거실에서 아이의 첫 번째 순간들을 수없이 접했다. 누워만 있던 아이가 첫걸음을 떼고, 처음으로 이유식을 먹던 곳도 바로 거실이었다. 우리의 일상이 쌓이고 모이는 곳이 거실이다. 나는 이 거실에서 아이가 본인이 선택한 어른으로 자라기 위한 연습을 충분하게 할 수 있길 원한다. 그렇기에 우리 집 거실은 내 아이의 첫 번째 학군지가 된다. 이 공간을 만들 역할은 우리 부모에게 주어진 고유한 기회임을 기억하자.

Chapter. 2

1,000원짜리 다이소 박스와
1만 원짜리 종이 박스

스물일곱 살이 되던 1월, 결혼식을 올렸다. 그리고 나의 첫 번째 집을 맞이했다. 그곳은 체리색 몰딩이 있고, 거실 창밖으로 논과 밭이 보이던 곳이었다. 지금의 나도 세상 물정을 잘 모르는 편이지만, 생각해 보면 그때의 나는 세상을 참 몰랐다. 그래서 체리색 몰딩이 촌스러운 인테리어라는 것도, 논과 밭이 보이면 여름 내내 개구리가 잠을 못 잘 정도로 시끄럽게 운다는 것도 당연히 잘 몰랐다. 다만 한 가지 의아한 점이 있었다면, 신혼집 사진을 찍어서 주변 사람에게 보여줄 때마다 모두가 '오래된 집'이라고 생각했다는 점이다. 나는 분명 새집에 들어갔는데, 사람들이 연식이 된 집이라고 생각하는 것이 이상했다. 나중에야 깨달았지만, 다름 아닌 체리색 몰딩 때문이었다. 그때는 인테리어의 이응도 몰랐다. 왜 이응도 몰랐을까? 관심이 없었기 때문이다. 왜 관심이 없었을까? 인테리어를 할 이유가 없었기 때문이다.

인테리어? 해야 할 이유가 생기다

○○○

스물아홉 살이 되던 9월, 첫 아이를 만났다. 아이가 우리의 보금자리에 들어오기 전부터 나는 바빴다. 생전 신경 쓰지 않았던 육아용품들을 하루 종일 검색했고, 하루에 택배 하나는 기본으로 도착했다. 분유 포트, 젖병 소독기와 건조대, 기저귀, 핫딜로 한 달 치를 쟁여둔 분유통 등이 집을 가득 채우기 시작했다. 짐이 많아진다는 것은 집을 정리해야 한다는 신호이기도 했다. 그간 단출하게 둘이 생활하던 공간에도 이미 짐이 가득했는데, 아이 한 명이 들어오자 정리되지 못한 짐들이 거실 식탁에 쌓이기 시작했다.

짐이 나의 통제력을 넘는 수준으로 많아지기 시작하자, 어디서부터 어떻게 정리를 시작해야 할지 엄두가 나지 않았다. 그때 내가 선택한 방법은 한 가지였다. 바로 모든 짐들을 한 방에 모아두는 것이었다. 그곳을 우리는 '육아용품의 방'이라고 불렀다. 아이에게 필요한 모든 육아용품이 그 방에 차곡차곡 쌓이기 시작했다. 분유통, 기저귀, 바운서, 전집 등을 저축하듯 모아두고 필요할 때마다 꺼내 썼다. 이때까지도 나는 인테리어가 필요하단 생각을 하지 못

Part 1. 거실 환경: 엄마가 만들어 주는 최초의 학습지

했다. 그런데 누워만 있던 아이가 뒤집기를 하고 어느 순간 배밀이를 하더니 네발로 기어다니며 집을 탐색하기 시작하자, 나의 마음에는 '이대로 둬도 괜찮을까?' 하는 조바심이 생겨났다.

아이가 태어났을 때부터 하루도 빠지지 않고 했던 것은 '그림책 읽어주기'였다. 그래서인지 아이는 거실 바닥을 기어다니며, 내가 읽어주었던 그림책이 보이면 손을 뻗기 시작했다. 당시 전집을 사고 사은품으로 받은 노란색 책장 하나가 있었는데, 아이는 매번 그곳까지 기어가서 책장 모퉁이를 잡고 일어나서 낑낑거리며 책을 뽑으려는 모습을 보였다. 그 모습을 보자 의문이 하나의 욕망이 되었고, 그 욕망은 인테리어에 대한 당위로 이어졌다. '우리 아이 책 잘 읽을 수 있는 환경을 만들어 줘야겠구나!'

통제할 수 있는 것과 통제할 수 없는 것을 구분하기

° ° °

요즘 많은 사람이 거실 서재화에 관심이 있지만, 생각보다 쉽사리 시작하지 못한다. 그 이유가 뭘까? 생각해 보면, 통제할 수 없는 것에서부터 시작하려고 하기 때문이다. 거실 서재화에 있어 통제할 수 없는 것이란, 이미 거실 벽면을 차지하고 있는 TV, 거실 가운데에 떡하니 자리 잡은 소파 등과 같이 비싸게 구매해서 쉽사리 버릴 수 없고, 부피가 커서 이동하기 어려운 가구들을 말한다. 나 또한 아이가 책을 잘 읽을 수 있는 환경이 어때야 하는지 고민했을 때 'TV를 없애라', '소파 대신 책장을 둬라' 같은 글을 읽었다. 처음 들었던 생각은 '하고 싶지만 어떻게?'라는 의문이었고, 의문을 풀 수 있는 답을 찾을 수 없자 집에 대한 실망감이 들었고, 그러자 이 집을 선택한 나에 대한 자책으로까지 이어졌다. 하지만 '지금은 이미 늦었어'라고 탓하고 있기만 할 순 없었다. 아이는 하루하루 여전히 자라나고 있었기 때문이다. 그때 내가 했던 방법은 내가 통제할 수 있는 것에서부터 인테리어를 시작하는 것이었다.

인테리어의 사전적 의미는 실내를 장식하는 일이다. 곧, 실내를 나만의 이유를 가지고 구성하면 된다는 의미다. 가구를 맞추거나, 전자제품을 구매하는 것 말고도 작은 소품을 바꾸는 것만으로도 우리는 인테리어를 바꿨다고 말한다. 인테리어가 생각보다 거창한 것이 아니라는 뜻이다. 나는 내가 통제할 수 없는 부분은 과감히 내려두고, 내가 통제할 수 있는 게 무엇인지를 생각했다. 가구 위치를 옮기고, 벽면을 책장으로 꾸미는 건 통제할 수 없는 부분이었지만, 작은 소품을 사들이는 건 통제할 수 있는 부분이었다.

인테리어를 하고 싶다고 생각한 가장 큰 이유는 아이가 책을 원할 때마다 뽑아올 수 있는 환경을 만들어 주고 싶었기 때문이다. 그렇다면 그걸 가능하게 하는 소품이 무엇일까? 나는 세 가지 기준을 세웠다.

첫째, 아이의 눈높이에 맞는 것일 것.

둘째, 모서리가 날카롭거나 위험하지 않을 것.

셋째, 처분하기 쉬울 것.

이 세 가지 기준에 딱 들어맞는 제품을 찾았고, 그것이 환경 구성의 첫 번째 시작점이었다.

단돈 1,000원과 1만 원으로 시작하는 인테리어

。。。

기어 다니는 아이, 이제 막 주변 사물을 짚고 일어서기 시작한 아이들에게 가장 중요한 건 '위험하지 않을 것'이었다. 아이가 책을 뽑다가 책장에 부딪혀도 다치지 않을 만큼 재질이 딱딱하지 않아야 했고, 모서리가 날카로워도 안 됐다. 그래서 처음으로 선택했던 아이의 책장은 종이 박스였다. 내가 생각한 기준에 부합하면서 심지어 가격이 1만 원밖에 하지 않았다. 단단한 종이 재질로 만들어진 박스를 조립하면 한 칸짜리 네모 모양 책장을 만들 수 있었는데, 책을 스무 권 정도 꽂을 수 있을 만큼 규격도 넉넉했다. 나는 거실 TV나 소파를 없애는 일보다 이 종이 책장을 여러 개 구매해서 ㄷ자 모양으로 조립해 거실 책장으로 만들었다. ⇒ 209쪽

하지만 책은 거실에서만 읽는 것이 아니다. 아이에게 책을 하나의 놀잇감으로 인식시키기 위해서는, 책을 다양한 공간에 배치해야 한다. 그러려면 거실에만 책을 둘 것이 아니라 안방이나 아이 방에도 책을 두어야 했다. 하지만 집안 곳곳에 종이 책장을 놓기엔 부담이 있었다. 그래서 이동하기 쉽고 가볍지만, 공간을 크게 차지하지 않는 소품을 찾았다. 그게 바로 다이소 투명 박스였다. 심지

어 이 제품은 가격이 1,000원밖에 하지 않았다. 투명 다이소 박스를 집 안 곳곳에 두고, 그 안에 아이가 즐겨 읽는 책들을 담아 두었다. ⇒ 209쪽

아이는 기어다니며 다이소 박스 안에서 책을 뽑았고, 종이 책장을 짚고 일어나서 읽고 싶은 책을 꺼내왔다. 그때마다 아이 옆에 앉아서 책을 읽어주었다. 인테리어의 이응도 몰랐지만, 하고 싶은 이유가 분명했기에 지금 당장 선택할 수 있는 범위 내에서 최선을 찾았다. 무엇보다 값진 수확은 아이가 이전보다 책을 자주 꺼내보고, 심지어 놀이로 즐기게 되었다는 점이다. 환경 구성이란 아주 작은 것에서부터 시작해야 한다는 것을 알게 되었다. 내가 통제할 수 없는 것과 통제할 수 있는 것을 잘 구분해서, 통제할 수 없는 걸 과감히 내려놓는 것부터가 인테리어의 첫 번째 관문이다. 아주 작은 소품으로부터도 시작할 수 있다. 심지어 1,000원, 1만 원으로도 말이다. 이 경험으로 인해 체리색 몰딩이 있던 우리의 첫 번째 집은, 아직까지도 우리 가족이 가장 사랑했던 공간으로 남아 있다.

Chapter. 3

내가 거실 식탁에
비싼 꽃병을 두는 이유

결혼하고 처음 살았던 곳은 허허벌판 위에 말 그대로 아파트 단지 몇 개만 있는 신축 임대아파트였다. 도보로 이동하여 이용할 수 있는 시설은 편의점 하나뿐이었지만, 그렇기에 어린아이들을 데리고 차 걱정 없이 한적하게 아파트 주변을 산책할 수 있었다. 남들이 보기에 썩 좋은 아파트가 아니었을지 몰라도, 아직도 내가 가장 사랑했던 공간인 이유가 있다. 비단 배우자와 함께 살기 시작한 신혼집이어서가 아니라, 어린 두 아이를 임신하고 키웠던 추억 때문만이 아니라, 지금의 나를 만들었다고 자부하는 공간이 이곳에서 탄생했기 때문이다. 나는 바로 그곳에서 나로서 독립하는 시간을 만났다.

내가 비로소 식탁 위를 정리하기 시작한 이유

첫 아이가 태어나고 좋은 엄마가 되고 싶다는 욕망 하나로, 나의 기준을 아이에게 쏟아붓던 시절이 있었다. 나에게 좋은 것이 아이에게도 좋다고 믿던 날들이었다. 서로를 숨 막히게 했던 그 역할에서 벗어날 수 있었던 계기는 거실에 있는 식탁 덕분이었다. 아이가 태어나고 거실 식탁의 역할은 다양했다. 가족이 식사하는 곳이기도 했지만 갈 곳 없는 다양한 물품들이 머무는 곳이기도 했다. 각종 약 봉투, 언젠가 먹을 요량으로 올려둔 영양제, 각종 세금 고지서, 읽다 만 아이들의 그림책, 분유통 등 당장 써야 해서 올려두었지만 쓰지 않을 때도 자리를 차지하고 있던 것들이었다. 정리해야지, 마음만 먹고 실행에 옮기지 못한 지 1년이 넘어가던 해, 나는 그 공간을 모두 치웠다.

아이에게 영어로 말 걸어주고 싶다는 욕망 하나에서 시작한 엄마표 영어가 그간 거실에 올려두었던 모든 물건을 정리하게 했다. 약 봉투와 분유통이 있던 곳을 정리하고 그곳에 책꽂이 하나를 올려두었다. 기초 영문법, 영어로 말 걸기 책, 영어 그림책, 챕터북 등을 차곡차곡 꽂아두기 시작했다. 신기하게 책꽂이 하나 두었을 뿐인데, 아이들에게도 더 이상 식탁은 밥을 먹기 위한 공간만이 아닌 엄마가 공부하는 곳으로 인식이 되었다. 나는 아이를 재우고 식탁에서 매일 밤 세 시간씩 공부를 시작했고, 그곳에서 꼬박 3년 동안 영어 실력을 쌓았다. 나의 독립이 아이의 독립으로 이어진다는 중요한 사실 하나를 식탁에서 배우고 이사했다.

엄마의 욕구를 50퍼센트 채울 때 길이 열린다

○○○

강동소아정신과의원 김영화 원장의 칼럼에는 이런 내용이 있다. 엄마들은 '5대 3대 2의 법칙'을 따라야 한다는 말이다. 평소 자신에게 50퍼센트의 시간과 열정을 쏟아야 하고, 30퍼센트는 배우자에게, 그리고 나머지 20퍼센트를 자녀에게 쏟는 게 부모와 자녀의 건강한 관계와 정신건강을 위해 바람직하다고 한다. 내가 이사를 준비하면서 가장 먼저 했던 것은 나의 50퍼센트를 채우는 일이었다. 식탁이 내게 가져다 준 독립을 통해, 엄마의 마음이 채워졌을 때 비로소 아이를 수용할 힘을 얻을 수 있다는 걸 깨달았다. 독립의 동력을 이어가기 위해선, 이젠 식탁이 아닌 나만의 책상이 필요했다.

이사 갈 곳의 도면을 살펴보았을 때 내 책상이 들어갈 만한 마땅한 공간이 없었다. 찾고 찾다 부부방 한쪽 벽면에 자그맣게 들어갈 공간 하나가 눈에 띄었다. 이사 갈 도면과 줄자를 들고 가구점을 돌았다. 마음에 드는 책상이 보일 때마다 줄자를 들고 정확한 길이를 쟀다. 어떤 건 수납장이 높고, 어떤 제품은 책상 길이가 생각보다 짧았다. 공간에 딱 들어갈 제품을 찾는 것이 생각보다 어려웠지만, 이사를 준비하며 가장 즐거웠던 시간이다. 마침내 부부방 벽면에 들어갈 딱 맞는 사이즈에 노트북 콘센트까지 꽂을 수 있는 제품을 찾았을 때, 내 삶에서 가장 기쁜 순간 순위 안에 든다고 자부할 만큼 기분이 좋았다. ⇒ 209쪽

나는 내가 가장 먼저 채워 넣고 싶은 순서대로 이사 목록을 작성했다. 보통 이사는 지옥문을 여는 일이라는 이야기를 많이 한다. 그건 책임과 의무만 있고, 나의 권리가 소멸되었기 때문이다. 엄마의 50퍼센트를 먼저 채우고 나니 앞으로 가야 할 길이 보였다.

잠은 제3의 인격이 된다

○○○

일하는 엄마가 가장 조급해지는 순간은 언제일까? 바로 아이들을 재우고 난 뒤 하고 싶은 일이 있는데, 아이들이 잠을 자지 않을 때다. 아이들이 자라면서 자연스럽게 취침 시간도 늦어지는 일이 비일비재했다. 그 말은, 아이를 재우고 가졌던 '엄마의 욕구를 채우는 시간'이 서서히 사라졌다는 뜻이다. "좀 자자!"라고 소리치는 나를 견딜 수가 없어서 한 선택은 새벽에 기상하는 일이었다. 가볍게 '새벽 기상이나 한 번 해볼까'라는 마음으로 시작한 일은 결코 아니었고, '나 좀 살자'라는 절박한 마음으로 시작한 새벽 기상이었다.

사람이 살고자 할 때만큼 간절한 순간이 있을까? 그랬기에 나의 새벽 기상은 달랐다. 혼자 일어나면 성공 확률이 떨어지기에, 함께 일어나는 방법을 택했다. 이 간절함이 내가 2년째 매달 새벽

기상 프로젝트 멤버를 모으고, 멤버 모두를 성장시키는 방법을 고민하는 이유다. 그런데 단순히 함께 일어난다고 해서 새벽 기상이 쉬워질까? 그렇진 않다. 잘 일어나기 위해 무엇보다 중요한 건, 잘 자는 것이다.

인지심리학자 김경일 교수가 세바시 강연에서 했던 인상 깊은 말이 있다. 바로, '잠은 제 3의 인격'이라는 것이다. 사람마다 필요한 수면시간이 다르고, 그 적정 시간을 찾아가는 것이 삶의 행복을 높이는 기준이라는 이야기였다. 잠이 부족할 경우 가장 큰 문제점은 내가 가진 나쁜 습관들이 나온다는 점이다. 하지 않아도 될 말, 하면 안 되는 말, 부정 편향적인 생각들을 나쁜 습관이라고 칭한다면, 이 모든 건 피곤할 때 활성화된다. 그리고 이런 패턴이 굳어지면 결국 인격이 되는 것이다. 그렇기에 2년이 넘는 시간 동안 새벽 네 시에 일어나며 내가 가장 잘 지키고자 한 원칙은, 나에게 맞는 수면 패턴을 찾아 일찍 잠드는 것이었다. 그런데 일찍 일어나는 것보다 일찍 잠드는 게 오히려 어려웠고, 그래서 생각한 방법 한 가지가 거실에 꽃병을 두는 것이었다.

거실에 올려둔 비싼 꽃병은 사치가 아니다

○○○

안방에 있는 책상은 새벽에 제대로 활용하기 어려웠다. 새벽 네 시면 아직 신랑이 잠들어 있는 시간이었기 때문이다. 스탠드의 조도를 낮추고 조용히 작업을 해도, 몇 차례 뒤척이며 잠을 깨는 모습을 보곤 함께 사는 사람에 대한 예의가 아니라는 생각이 들었다. 결국 자연스레 노트북이나 책을 들고 거실로 나오게 됐다. 그런데 그때마다 식탁에 나오면 수북하게 쌓인 전날의 흔적들을 마주했다. 미처 마무리하지 못한 업무, 아직 해결되지 못한 서류는 보통 식탁에 쌓인다. 이런 것들이 식탁에 쌓이는 이유는 뭘까? 아마 다음 날 일어나자마자 잊지 않고 해내겠다는 다짐 때문이 아닐까? 그러나 새롭게 시작하려고 앉은 새벽에 전날의 흔적들을 마주하면 마음이 복잡해진다. 나 역시 끝내지 못한 일들 때문에 잠들기 직전까지 생각을 놓지 못했고, 일어나서도 내가 정한 우선순위가 뒤바뀌곤 했다.

그때 식탁에 가장 좋아하는 것을 두자고 생각했다. 생각보다 고가여서 쉽게 치울 수 없고, 내가 좋아하는 공간을 더욱 아름답게 꾸며줄 것을 찾았다. 새벽에 일어났을 때 거실 식탁을 보면 기분이 좋아질 수 있도록, 식탁 위에 해결하지 못한 잡무들을 올려두기전에 한 번 더 생각해 볼 수 있도록 나만의 공간을 구성했다. 내게 그 답이 꽃병이었다. 평상시 꽃을 좋아해서 계절에 맞게 피어나는 꽃들을 조금씩 구매해 식탁 위에 올려두곤 했다. 내가 구매한 꽃병은 20만 원이 훌쩍 넘는 고가제품이지만 구매를 후회한 적은 한 번도 없었다. 이 꽃병에 꽃을 한 송이씩 꽂으면 신기하게도 근사한 카페에 와 있는 기분이 들었기 때문이다. ⇒ 209쪽 거실 식탁에 놓인 꽃병을 볼 때마다, 꽃병을 사며 생각했던 마음을 떠올린다. 이 다짐은 내게 잠들기 직전 '내일 해도 괜찮아'라는 안도감을 주고, 새벽에 일어났을 때 '너는 해낼 힘이 있어'라는 응원을 준다. 누군가는 거실 식탁에 그렇게 비싼 화병이 꼭 필요하냐고 반문할 수도 있겠지만, 엄마의 욕구가 50퍼센트 채워질 때 가장 건강한 상태의 육아를 할 수 있다. 그리고 아이를 위한 교육 환경 구성을 고민하기 위해선, 나를 위한 교육 환경 구성을 고민하는 시간이 선행되어야 한다. 무엇이든 '나'에서 먼저 시작해야, '너'로 나아갈 수 있다. 내 마음이 채워질수록, 주변으로 그 에너지가 전이될 수 있기 때문이다. 마음도 한곳에만 머물면 고이기 마련이다. 그리고 고인 마음은 결국엔 탈이 난다. 그렇기에 나는 오늘도 이 꽃병으로 하루의 마음을 채우고 흘릴 준비를 한다.

Chapter. 4

거실에 TV요?
있어도 됩니다!

'엄마, TV 10분만 더 볼래!!'

집에 TV가 있는 집이라면 아이와 TV 보는 시간으로 실랑이해 본 경험이 모두 있을 것이다. 혹시 '저놈의 TV 때문에 될 공부가 안 된다!'라고 생각하고 있다면, 그건 환경 구성을 바꿔야 한다는 신호다. 많은 사람이 아이의 거실육아를 계획할 때, TV를 없애야 하는지에 대한 고민을 한다. 거실에 TV를 없애는 것도 물론 좋은 방법이 될 수 있지만, 문제는 TV가 손쉽게 없앨 수 있는 물품이 아니라는 점이다. 구매할 때 큰 금액이 들어가기에, 쉽게 버리고 쉽게 다시 들일 수가 없는 제품 중 하나다. 또한, 아이가 TV 보는 것에 큰 흥미를 느끼고 있는데 아무런 타협 없이 어느 날 갑자기 엄마가 버리는 것은 아이에게 전쟁을 선포하는 것이나 다름없다. 이런 아이들은 결국 핸드폰이나 태블릿에 빠질 위험도 크다. 반드시 TV로만 영상을 볼 수 있는 건 아니기 때문이다. 중요한 건 TV가 있어도, 보지 않을 수 있는 조절력을 키우는 것이다. 그런데 이 조절력은 아이 혼자 저절로 키울 수는 없으나, 엄마의 환경 구성으로 충분히 성장시킬 수 있는 역량이다.

마시멜로 실험에 성공한 아이들의 비밀 전략

°°°

미국의 마시멜로 실험은 많은 사람이 알고 있을 정도로 대중적이고 유명하다. 이 실험은 아이에게 마시멜로 하나를 주고, 먹고 싶으면 눈앞에 있는 종을 치라고 한다. 또한 자리를 비운 선생님이 다시 돌아올 때까지 기다리면 마시멜로 하나를 보상으로 더 준다. 미국의 심리학자 월터 미쉘(Walter Mischel)은 마시멜로를 두 개 먹은 아이가 성인이 되었을 때, 곧바로 종을 친 아이보다 SAT(미국 대학수학능력시험)에서 210점이 높았다는 연구 결과를 발표했다. 심지어 이는 학업뿐 아니라 건강과도 관련이 높았다. 마시멜로를 두 개 먹은 아이들은 성인이 되었을 때 신체질량지수(BMI; 신장과 체중으로 측정하는 비만도)가 더 낮았고 몸무게도 덜 나갔다고 한다.

이 실험의 핵심은 만족지연이다. 만족지연이란, 더 큰 성취감을 위해 눈앞에 있는 당장의 즐거움을 참는 능력을 말한다. 이 실험에서 우리가 더 자세히 들여다봐야 하는 지점은, 실험에 참여한 어린 아이들이 어떻게 만족지연을 할 수 있었는지에 대한 부분이다.

마시멜로 실험에 성공했던 아이들이 단지 특별했기 때문일까? 종을 친 아이보다 마시멜로를 좋아하지 않아서였을까? 아니다. 아이들 모두 마시멜로를 먹고 싶었지만, 조절할 수 있었던 이유는 아이들이 각자만의 제거나 회피 전략을 사용했기 때문이다. 어떤 아이는 마시멜로를 숨겨두어 눈에 보이지 않도록 제거했고, 어떤 아이는 고개를 흔들거나 눈을 가리는 등 마시멜로가 보이지 않도록 회피하는 전략을 썼다. 즉, 먹고 싶지만 스스로 조절하는 전략을 쓴 것이다. 이 아이들이 자신의 욕구를 조절할 수 있었던 가장 큰 동기는, 참으면 마시멜로를 두 개 먹을 수 있다는 점이었다. 집 안에 TV를 두는 일도 마찬가지다.

우리는 TV를 마시멜로처럼 아이의 조절력을 키우고, 동기를 강화하는 전략적인 도구로 사용할 수 있다. 다만 마시멜로 실험에서 성공한 아이들이 썼던 전략을 함께 제공해야 한다. 마시멜로가 눈앞에 있지만 참으라고 말만 하는 게 아니라, 어떻게 하면 참고 두 개를 먹을 수 있는지 방법을 알려줘야 한다. 거실에 엄마와 아이를 위한 TV 공간을 흔쾌히 내어주지만, 회피와 제거라는 전략을 적절하게 제공하는 환경을 구성해야 한다는 뜻이다. 이 전략은 TV를 구매하는 것에서부터 시작할 수 있다.

TV 구매 주저하지 말고, 두 가지 기준을 기억하자

○○○

현재 우리 집에 있는 TV는 액자 형태의 제품이다. 이사를 준비하며 우리 부부가 구매하기 가장 어려웠던 품목이다. 당시에 이 제품은 리뉴얼을 위해 판매를 중단한 상태였다. 기약 없이 기다릴 순없고, 다른 제품을 구매하자니 나의 기준에 맞는 것이 없었다. 그래서 우리가 한 선택은, 지역에 있는 대리점에 하나하나 모두 전화를 돌려 재고를 확인한 것이었다. 우리가 원하는 TV의 규격과 색상을 보유하고 있는 대리점을 찾았고, 딱 하나 남아 있는 재고를우리 집에 설치했다. 내가 이렇게까지 이 TV를 구매하려 노력했던 이유는 뭘까? 마시멜로 만족지연을 충족하기 위한 두 가지 기준에 부합했기 때문이다. ⇒ 209쪽

① 공개된 장소에서 조절력을 키울 수 있다

요즘은 글보다 영상으로 소통하는 시대다. 그만큼 우리는 다양한 영상 환경에 노출되어 있다. 자극적인 영상도 많지만, 그와 비슷하게 좋은 영상도 많다. 아이가 영상을 보는 것은 시간의 문제일뿐 언젠간 다 보게 되어 있다는 말이 있다. 왜일까? TV로만 영상을 보던 예전과는 달리, 영상을 볼 수 있는 전자매체들이 늘어났기때문이다. 휴대전화부터 시작하여 휴대용 태블릿까지. TV가 없는집은 있어도 이 두 가지가 없는 집을 찾기 힘들 정도다.

그렇다면 TV를 없앤다고 해서 과연 아이들이 영상을 보지 못

할까? 오히려 거실에 TV를 두고, 공개된 장소에서 아이와 함께 자극적인 영상과 좋은 영상을 어떻게 선별할 것인지 기준을 세워야 한다. 아이 혼자 방에 들어가서 기준 없이 영상을 접하는 것이 아니라, 아이에게 영상으로 얻을 수 있는 좋은 정보에 대한 경험을 쌓아줘야 한다. TV는 엄마와 함께 앉아서 영상을 시청할 수 있는 최적화된 제품이다.

② 제거나 회피 전략을 쓸 수 있다

내가 액자 TV를 선택한 가장 큰 이유는 마시멜로 실험에 나온 회피 전략이 가능했기 때문이다. 보고 싶은 TV가 눈앞에 있는데 참으라고 하는 건 성인에게도 어렵다. 이때, 아이들의 TV에 대한 인식을 바꿔주기만 하면 된다. 액자 TV가 액자 TV라 불리는 이유가 있다. TV를 보지 않을 때 그림을 선택해서 틀어두면 마치 그림 액자처럼 보인다. 소정의 구독료만 내면 매달 그림 서비스를 통해 다양하고 유명한 작가들의 작품을 띄워둘 수 있다.

실제로 우리 집에 방문한 사람들은 처음에 이 TV가 켜지는 것을 보고 깜짝 놀란다. 그림 액자라 생각했는데, TV 화면이 반짝 켜지는 걸 보곤 신기해했다. 액자 TV인 만큼 그림이 전시되었을 때, 실제처럼 보이는 최적의 해상도로 맞춰진 제품이다. 그리고 한 가지 더 좋은 점은, 주기적으로 아이들과 함께 그림을 고를 수 있다는 점이다. 그날의 기분, 기념하고 싶은 날, 계절이 바뀔 때 등에 따라 전시하고 싶은 그림을 아이들과 선택해서 TV가 가진 고유의 기능을 분리했다. 아이들은 TV가 액자로 변해 있을 땐, 영상을 틀 수 있는 시간이 아니라는 것을 자연스레 인식했다.

TV를 구매할 수 있는 사람이라면 이 TV를 추천하겠지만, 이미 다른 TV를 둔 가정이라면 막막할 수 있다. 그땐 TV 커버를 씌우는 것을 추천한다. TV를 보지 않을 때 TV 커버로 화면을 가려두는 것만으로도 회피 전략 효과를 낼 수 있다. TV 커버는 내가 액자 TV에서 그림을 고르는 것처럼 선택할 수 있는 폭이 다양하니, 아이들의 참여도를 높일 수 있는 좋은 방법이 된다. 요새는 이젤형 TV 스탠드 제품들이 나온다. 이 제품들을 사용하면 제거 전략이 가능하다. TV를 시청하지 않을 때 거실 이외의 장소로 이동시켜 놓을 수 있기 때문이다.

TV 환경 구성이 끝났다면 두 가지 약속을 기억하자

∘∘∘

TV를 반드시 없애지 않더라도 아이의 조절력을 키울 수 있는 환경을 구성했다면, 다음으로는 구체적인 행동 약속을 정해야 한다. 나는 두 가지 규칙을 아이들과 함께 타협했다. 규칙을 정할 때 아이와 함께 타협해야 하는 이유는, TV를 보는 주체가 바로 아이이기 때문이다. 본인이 주체가 되는 일에는 꼭 당사자의 선택이 포함되어야 한다. 그래야 선택에 대한 책임을 지는 기회를 얻게 되고, 아이는 스스로 조절할 수 있는 연습을 시작하게 된다.

① 규칙 함께 정하기

TV 규칙에는 세 가지가 포함되어야 한다. '시청 시간, 시청 날짜, 시청 연령'이다. 시청 시간은 아이와 함께 적정한 시간을 정해야 한다. 우리 집에는 아이가 두 명이 있기에 한 명당 20분씩을 약속했다. 총 영상 시청 시간이 40분이다. 10분짜리 짧은 영상 두 편을 봐도 좋고, 20분짜리 긴 영상 하나를 봐도 좋다. 그것보다 더 긴 영상을 본다면 20분을 타이머에 맞춰두고 이어서 봤다.

평일과 주말에 볼 수 있는 영상도 분류했다. 아이들이 6세 이전일 때는 평일과 주말을 구분하지 않고 영어 영상만을 봤다. 그런데 유치원에서 친구들과 놀이하며 한글 영상에 대한 궁금증이 커졌고, 어느 날 한글 영상도 보고 싶다는 이야기를 진지하게 꺼냈다. 주말에만 같은 시청 시간으로 한글 영상을 볼 수 있도록 약속을 정했다. 한글 영상이 보고 싶다고 할 때 무조건 안 된다고 하는 게 위험한 점은, 아이의 욕구불만이 누적되기 때문이다. 엄마의 통제력을 벗어나는 나이가 될 때, 아이는 한글 영상에만 빠질 수도 있다. 오히려 함께 규칙을 정해 연습하는 것이 좋은 방법이다.

요즘은 다양한 OTT 매체에서 영상을 선택하여 시청할 수 있다. 이때 중요한 점은, 아이가 선택한 영상이 전체 관람가인지, 시청 가능한 연령을 넘지는 않았는지를 확인하는 것이다. 생각보다 아이의 적정 연령을 벗어나는 영상이 많다. 옆에서 주의 깊게 살펴보고, 아이에게도 시청할 수 있는 연령에 대한 개념을 말해줘야 한다.

② 타이머 사용하기

아이가 TV를 보게 될 때 많은 엄마가 우려하는 지점은 시청 시간이다. 더 보고 싶은 아이와 덜 보게 하고 싶은 엄마 사이에 팽팽한 신경전이 오간다. 아이와 함께 TV를 보는 시청 시간을 정했다면, 아이에게 타이머로 직접 시간을 맞출 수 있도록 기회를 줘야 한다. 이건 자신이 선택한 시간에 대한 책임을 질 수 있도록 만드는 환경 장치다. 말로만 20분을 본다고 하는 것과 실제 시각적으로 시간을 제시하는 것은 차원이 다른 문제다.

스스로 정한 시간을 통해 아이는 자신이 가장 보고 싶은 영상을 보고, 멈출 수 있는 연습을 할 수 있게 된다. 하지만 아이가 엄마 몰래 20분 넘게 TV를 보는 날이 있을 것이다. 규칙이 진정한 규칙이 되기 위해서 필요한 선행 조건은 일관성이다. 20분을 넘기는 날이 있다면 아이에게 안타깝지만, 다음 날 시청 시간 5분을 줄인다는 말을 전하자. 우리가 함께 정한 시청 시간 규칙을 어기게 되었을 때, 아이가 스스로 책임을 질 수 있도록 해야 한다. 중요한 건 엄마 마음대로 5분을 줄이는 것이 아니라, 우리가 함께 정한 규칙이기 때문에 어쩔 수 없다는 걸 알리는 것이다. 이때 아이는 선택한 시간에 대한 책임을 다하는 연습을 하게 된다.

어떤 아이든 한 개의 마시멜로가 아닌, 두 개의 마시멜로를 먹고 싶어 한다. 다만 어떻게 하면 두 개의 마시멜로를 먹을 수 있을지 모를 뿐이다. TV라는 강력한 유혹의 매체를 단순히 제거해야 하는 대상으로 볼 것이 아니라, 아이가 두 개의 마시멜로를 먹을

수 있도록 조절력을 키울 수 있는 제품으로 활용해 보자. 아이가
스스로 조절할 수 있다는 것을 믿고, 환경을 조성하는 우리의 역할
이 중요하다.

Chapter. 5

소파의 역할은
'피리 부는 사나이'

"으악!!! 비상이야!! 소파에 사인펜 묻었다!!!"

"어휴… 도대체 얼룩은 왜 이렇게 안 지워지는 거야!"

소파의 시옷도 잘 모르던 내 나이 스물여섯 살. 결혼 준비를 한다고 친정엄마의 손을 잡고 들어간 가구점에서 "가죽 소파가 최고다"라는 말을 듣고 주름이 멋스럽게 잡힌 초콜릿빛 소파를 신혼집에 들였다. 아이가 생기기 전까진 아무 문제 없던 가죽 소파가, 아이 둘이 생기고 나자 최대의 구매 실수로 탈바꿈되기까지 시간이 그리 오래 걸리지 않았다. 일단 가죽 소파의 가장 큰 문제점을 꼽으라면, 아이들이 흘린 음식물이나 학용품 자국이 당최 지워지질 않는다는 거였다. 음식물 한 번 흘렸다 하면 그대로 자국이 생겼고, 사인펜이 묻었다 하면 그 상태로 박제되는 일이 허다해졌다. 가죽 클리너를 바르고 닦는 일을 반복하다 이사 결정이 나고 나서야 비로소 마음을 놓았다. 소파를 버릴 이유가 생겼기 때문이다.

소파는 한 번 구매하면 쉽사리 버릴 수 없는 물품이다. 구매할 때 큰 금액을 지불했기에 버리기 아깝다는 점도 있지만, 버리기로 마음먹었다고 해도 쉽사리 버릴 수 있는 물건이 아니기 때문이다. 커다란 소파는 엘리베이터를 사용해 옮길 수 없으니 버리고 싶다면 사다리차를 불러야 했다. 말 그대로 한 번 살 때 신중에 신중을 기해야 하는 가구인 셈이다. 하지만 이 가죽 소파에 단점만 있는 건 아니었다. 거실 가운데에 소파가 있으니 아이들은 그곳에서 잡기 놀이를 하기도 하고, 춤을 추기도 했다. 인형을 가득 그러모아 동굴을 만들었고 책을 읽으며 쉬기도 했다. 그랬기에 이사할 기회가 마침내 생겼을 때, 나는 소파의 장점을 제대로 살려보고자 했다. 아이들을 거실로 오고 싶게 만드는 핵심 역할을 할 수 있도록 말이다.

책 읽힌다고 소파를 없애려는 당신, 잠시 멈춰라!

○○○

거실 육아를 계획하는 많은 엄마의 고민은 두 가지다. 바로 TV와 소파다. 이 두 가지를 없애야지만 아이들이 거실에서 공부할 수 있는 환경을 만들어 줄 수 있다고 생각한다. 앞서 TV의 사례에서

제거나 회피 전략으로 거실에 TV가 있어도 되는 이유를 설명했
듯이, 나는 소파를 바라보는 관점도 바꿔야 한다고 생각한다. 우선
소파가 있으면 아이들이 놀고 싶고 눕고 싶어 한다는 편견을 버려
야 한다. 아이들이 소파가 있어서 책을 못 읽는 것이 아니라, 소파
에 온 김에 책을 읽게 만드는 환경을 구성하면 되기 때문이다.

우리의 목적이 아이가 책을 잘 읽는 환경을 만들고 싶은 것이라
면, 책을 읽는 행위에 대한 본질적인 고민을 해봐야 한다. 아이가
책을 언제 읽기 원하는가? 책상에 앉아서 바른 자세로 읽는 것만
이 책 읽기인 걸까? 아니면 아이가 쉬는 시간에 여가로 책을 선택
했으면 하는 것인가? 내가 생각하는 책 읽는 환경이란 후자였다.
아이가 집중해서 해야 하는 일들은 책상의 역할로 대신하고, 소파
는 아이가 충분히 쉴 수 있는 안식처라는 느낌을 주고 싶었다. 그
리고 이런 공간에서 하는 것이 바로 책 읽기가 되기를 원했다. 바
쁜 하루 중 잠시 쉼표를 찍는 순간에 하는 것이 독서가 되기를 바
랐다. 그것이야말로 아이의 삶을 이끄는 원동력이 되리란 것을 믿
고 있었기 때문이다.

책이 읽고 싶어지는 소파로 만드는 다섯 가지 체크리스트

ㅇㅇㅇ

아이들을 거실로 불러 모으는 소파, 앉은 김에 책까지 읽게 되
는 소파가 정말 있을까? 결론은, 있다. 이전 집에서 4년간 가죽 소

파를 클리너로 닦으며 소파를 고르는 다섯 가지의 기준이 생겼다. 남들이 좋다고 말하는 소파 말고, 우리 집만의 기준이 있는 소파를 찾으니 '피리 부는 소파'가 탄생했다.

① 뛰어다니기 좋은 소파

초등학교 저학년, 혹은 그 이상까지도 아이들은 신기하게 소파에서 뛴다. 그렇다면 뛰기가 좋은 소파를 선택해야 한다. 뛰기 좋으려면 중간에 발이 빠지는 이음새가 없어야 한다. 이런 점에서 나는 모듈 소파는 좋지 않다고 생각했다. 모듈 소파는 아이들이 뛰기에 불편하다. 이동의 편리성은 있지만, 아이들이 뛸 때마다 발이 빠지기 때문이다. 우리가 평상시에 자주 볼 수 있는 일반 소파들에도 이음새가 존재하는데, 마찬가지로 아이들의 발이 쉽게 빠진다. 따라서 이음새 없이 하나로 연결된 소파를 찾았다. ⇒ 50쪽

② 낮은 소파

소파가 낮을 경우 아이들이 쉽게 올라갔다 내려올 수 있다. 그 말은 더 자주 소파를 찾을 수 있다는 뜻이기도 하다. 소파가 높으면 어린아이들의 경우 쉽게 올라가지 못한다. 올라가다 발이 부딪히기도 하고, 떨어지기도 한다. 우리 집엔 소파 뒤쪽 벽면에 커다란 책장이 있는데, 아이들이 책을 고르고 소파를 등받이 삼아 책을 읽는다. 아이들이 언제든지 책에 편리하게 접근할 수 있도록 의도적으로 낮은 소파를 골랐다. ⇒ 51쪽

③ 이동형 등받이가 있는 소파

소파의 등받이가 높이 솟아 있으면 책장을 가로막는 벽이 될수도 있다. 아이들이 책을 읽고 싶어 한다면 언제든지 손쉽게 책을 집을 수 있도록 등받이가 없는 제품을 고르는 것이 중요한 기준점이었다. 책과의 접근성을 높이기 위해선, 등받이로 인해 책이 가려지지 않아야 하고 읽고 싶다면 소파에 앉아서도 바로 책을 집어들 수 있어야 한다고 생각했기 때문이다. 그런데 생각보다 등받이가 없는 제품을 찾기가 어려웠다. 그래서 대안으로 선택한 방법이, 등받이를 옮길 수 있는 제품이 있는지를 찾는 것이었다. 등받이 밑에는 미끄럼 방지 패드가 있어서 평상시 사용할 때 쉽게 밀리지 않지만, 등받이가 개별적으로 존재해서 편리하게 옮길 수 있었다. ⇒ 52쪽

④ 아쿠아 클린 재질의 소파

가죽 소파를 사용하는 동안 음식물과 사인펜 등의 자국이 지워지지 않는 문제로 인해 마음이 힘들었다. 군데군데 자리한 지저분한 얼룩 등을 매일 마주해야 했기 때문이다. 아이들도 당연히 조심해야 하는 부분이겠지만, 실수로 음식물이나 학용품이 묻게 되더라도 서로 심리적인 부담을 덜 느끼게 하고 싶었다. 생각보다 방법은 간단했다. 잘 지워지는 재질을 고르기만 하면 되었다. 방수도 되고, 물티슈로도 손쉽게 닦고 관리할 수 있는 재질의 소파를 찾았다.

거실공간

⑤ 놀이가 되는 소파

소파가 쉴 수 있는 곳이 되기 위해서는, 아이들이 그곳에서 놀수 있어야 한다. 놀이와 쉼은 따로 떨어진 개념이 아니라 혼합되는 개념이기 때문이다. 쉬는 것이 노는 것이고, 노는 것이 쉬는 것이어야 한다. 그렇기에 아이들의 놀이도구가 될 수 있는 개별 등받이, 쿠션과 같은 부속품들이 있는지를 살폈다. 색깔 등 소비자가 선택할 수 있는 옵션 여부 또한 살폈다. ⇒ 53쪽

⇒ 53쪽

이 다섯 가지의 체크리스트는 일반적으로 소파를 고르는 리스트와는 매우 다를 것이다. 따라서 내가 선택했던 소파는 남들이 좋다고 하는 소파와는 거리가 멀었다. 꼬박 한 달 동안 여러 가구점을 발로 돌아다녔다. 직접 만져보고 눈으로 확인하며 위 다섯 가지를 모두 만족하는 소파를 찾았다. ⇒ 210쪽

⇒ 210쪽

피리 부는 소파가 불러들인 책 읽기

°°°

처음 소파를 구매했던 목적과 부합하게 아이들은 이곳에서 쉬었고, 또 놀았다. 소파는 아이들이 가장 사랑하는 공간이 되었다. 단순한 가구 이상의 의미를 지니는 곳이 된 것이다. 우유를 먹다가 흘려도 물티슈를 가지고 와서 아이들이 스스로 쓱쓱 닦았고, 낮은 소파였기에 좋아하는 놀잇감을 쉽사리 옮기고 내릴 수 있었다. 이

소파의 가장 큰 장점은 소파의 부속품 하나하나가 놀이가 된다는 점이었다. 소파에 있는 등받이와 쿠션을 이용해 아이들은 거북선을 만들기도 했고, 자신들만의 집을 만들어 아지트로 사용하기도 했다. 때론 치과 의자도 되었다가, 미용실이 되었다. 이렇게 소파에서 노는 시간이 많아질수록, 이곳은 아이들에게 쉼을 주는 공간이 되었다.

소파 덕분에 아이들이 거실로 모이는 시간도 많아졌다. 소파에 앉은 김에, 뒤편에 있는 책장에서 책을 꺼내 읽는 시간은 더 길어졌다. 소파에 앉아 첫째 하준이가 둘째 하윤이에게 소리 내어 책을 읽어주기도 하고, 가족이 다 함께 앉아 책을 읽기도 했다. 하윤이가 읽고 싶은 책을 집어와서 나에게 읽어달라고 할 때면, 늘 당연하다는 듯이 내 손을 잡고 소파로 끌었다. 이렇게 쉴 수 있고 즐거울 수 있는 소파에서, 아이들은 책을 읽었다. 시간을 정해서 읽는 독서가 아닌, 말 그대로 여가로 선택하는 책 읽기가 되었다. 책 읽기가 공부가 아닌 여가가 되길 원하는 부모가 많다. 그렇다면 여가가 될 수 있는 공간을 조성해 주어야 하는 것이다. 나는 그 첫 번째 환경 구성이 바로 소파라고 생각한다. 소파를 없애야만 책 읽기가 가능하다는 기존의 관점을 바꾼 것이다.

환경 구성은 바로 이런 고민에서부터 시작된다. 아이를 위한 나만의 기준을 세우는 것, 그리고 그 기준에 대한 나만의 소신을 갖는 것이다. 그 소신은 '가죽 소파가 최고야. 소파 브랜드는 적어도 이 정도는 되어야지'라는 타인의 시선으로부터 자유로움을 선사한다.

내가 아이에게 제공하고 싶은 환경에 대한 고민이, 아이를 위한 제품과 가구를 고르는 기준으로 비로소 이어질 수 있는 이유다.

모듈 소파

이음새 없이
연결된 소파

공간과 쓰임새에 따라 자유롭게 분리하고 조립할 수 있다는 의미의 모
듈 소파는 이동의 편리성은 있지만 아이들이 뛸 때마다 발이 빠질 수
있어 부상의 위험이 있다. 우리 집 거실에서는 지금도 이음새 없이 연
결된 소파를 사용한다.

등받이가 된 낮은 소파

거실에 아이들이 쉽게 오르내릴 수 있는 낮은 높이의 소파를 두게 되면, 자연스럽게 아이들이 등을 기대어 책을 읽을 수 있는 독서 공간이 만들어지는 효과가 있다. 책장과 소파의 거리가 가까우면 책을 골라 앉은 자리에서 바로 독서를 시작할 수 있다.

어디든 이동이 가능한 이동형 소파 등받이

소파 등받이

미끄럼 방지 패드

시중에 나와 있는 소파 중에는 소파에서 등받이를 분리할 수 있는 제품도 있다. 소파에서 등받이를 분리할 수 있으면 소파를 굳이 벽 쪽에 밀착하지 않아도 되어서 좋다. 등받이 분리 제품의 경우, 미끄럼 패드가 있는지를 꼭 확인하자.

아이들의 놀이도구가 되는 소파

소파 아지트

소파 놀이터

소파 집짓기

소파의 개념을 고정된 가구가 아닌, 자유롭게 놀 수 있는 놀이도구로
인식을 바꿔보자. 아이들은 우리가 생각하지도 못한 창의적인 방법으
로 다양한 놀이를 만들어 낸다. 놀이 공간이 된 소파는, 아이들을 거실
로 불러들이는 일등 공신이다.

Chapter. 6

집 도서관을 위한
거실 서재화 A~Z

"엄마, 이제부터 거실을 집 도서관이라고 부를까?"

어느 날, 아이들이 책장에서 책을 고르다 집에 마치 도서관처럼 책이 많다고 했다. 그날 이후로 아이들은 거실 책장 공간을 집 도서관이라고 부르기 시작했다. 아이들이 몸으로 직접 느낀 후 자신들만의 언어로 정제되어 나온 말이라 그런지 이 별명이 더 애정이 간다. 거실 서재화를 시작하는 사람이라면, 무조건 첫 번째로 검색하게 되는 게 바로 책장이다. 아이들이 집 도서관이라 인정하는 공간을 누구나 만들고 싶을 것이다. 그렇다면 무엇부터 시작하면 좋을까?

거실 서재화의 핵심은 공간의 이유를 생각하는 것

°°°

이사를 준비하며 가장 오랜 기간 신경 쓰며 알아봤던 가구는 다름 아닌 책장이다. 그 당시엔 벙커 책장이 유행하던 시기라, 가구점을 갈 때마다 선택지가 많지 않았다. 벙커 책장은 아이들에게 나만의 아지트처럼 책 읽는 공간을 마련해 준다는 장점이 있지만, 그만큼 벙커에 많은 공간을 할애해야 한다는 단점이 있었다. 책을 위한 공간도 모자란 판국인데 벙커에까지 자리를 내어줄 순 없었다. 게다가 나는 우리 집 벽면 사이즈에 딱 맞는 책장을 찾고 싶은 욕심도 컸기에, 자연스레 맞춤 가구까지 알아보게 되었다. 맞춤 책장을 만들 때 유의해야 할 점은, 각 공간의 존재 이유를 생각하는 것이다. 이러한 고민 없이 맞춤 책장을 구매하는 것은, 비싼 돈을 주고 공간을 낭비하는 격이다. 맞춤 가구의 최대 장점은 내가 원하는 공간에 원하는 규격대로 효율적으로 제작할 수 있다는 점이다. 나는 이 장점을 살려, 아래의 네 가지 기준을 두고 책장 도면 사이즈를 직접 제작하여 주문했다. ⇒60쪽

① 다양한 그림책 판형에 맞추어 제작하자

책장 공간을 효율적으로 배치하기 위해선, 책장에 어떤 책들을 중점적으로 꽂을지를 살펴봐야 한다. 우리 집의 경우 그림책이 많았다. 그림책은 책마다 판형이 다르다. 책이 가진 메시지에 따라 판형 또한 함께 변하게 되는데, 일반적인 그림책 규격보다 큰 책들

도 많다. 그렇다면 큰 책들을 위한 공간도 따로 빼두어 다양한 규격으로 책장 공간을 구성해야 한다. ⇒ 59쪽

② 작은 책을 위한 공간을 마련하자

큰 책들을 위한 공간을 마련했다면 작은 책을 위한 공간도 마련해야 한다. 우리 집에서 작은 책들의 범주에 들어가는 건 영어 리더스북과 챕터북이었다. 벽면 사이즈에 맞추어 제작한 책장에는 총 여섯 개의 섹션이 있었다. 이 여섯 섹션 중 네 섹션은 일반적인 책 사이즈로 만들었고, 두 섹션은 큰 책과 작은 책들을 위한 공간으로 쪼개서 나눴다. 공간의 존재 이유를 생각하니, 최대한 활용해서 쓸 수 있게 된 것이다. ⇒ 59쪽

③ 전면 슬라이딩 책장 옵션이 필요한 이유

맞춤 책장을 주문하면 슬라이딩 책장 또한 옵션으로 선택할 수 있다. 슬라이딩 책장의 종류에는 대표적으로 전면 슬라이딩과 수납 슬라이딩 두 가지가 있다. 수납 슬라이딩은 많은 책을 수납할 수 있다는 장점이 있지만, 집중시키고 싶은 책을 전시하지 못한다는 단점이 있다. 내가 전면 슬라이딩 옵션을 선택한 이유는 읽히고 싶은 책의 표지를 공개하여, 아이들에게 최대한 노출시키기 위해서였다. 노출이 많을수록, 당연히 그 책은 아이들에게 선택받을 확률이 올라간다. 또한, 전면 슬라이딩 책장에는 계절별 그림책, 아이들이 뽑은 '이 주의 그림책', 주제별 그림책을 묶어서 소개하기

좋다. 엄마가 아이들에게 소개하고 싶거나, 읽히고 싶은 책을 전략적으로 배치하기 위한 최적의 장소이다. ⇒ 60쪽

④ 미리 무엇을 수납할지 생각하자

나는 책장 밑에 여섯 칸의 수납공간도 함께 마련했다. 이것 또한 다양한 옵션으로 선택할 수 있다. 수납하는 방법, 문을 달지 말지 등 옵션 종류도 다채롭다. 나는 기본 수납에 문을 다는 수납 옵션을 선택했다. 거실 책장 수납은 아이들의 놀이와 최전선으로 직결된 곳이다. 자신의 방까지 가지 않고 거실에서 바로 놀이도구를 꺼내는 일이 가능하기 때문이다. 나는 책장 접근 용이성이 가장 높은 곳에 가베, 영어 DVD, 독후 활동 자료지를 넣어놓았다. 아이들은 그곳에서 쉽게 가베를 꺼내왔고, 영어 DVD를 골랐으며, 독후 활동을 하고 싶을 때 자료지를 꺼냈다.

⑤ 한글책 공간과 영어 그림책 공간을 분리하자

앞서 말했던 것처럼 우리 집 거실 책장에는 총 여섯 섹션이 있다. 그중 두 섹션은 큰 책과 작은 책을 위한 공간이어서 아이들이 가장 좋아하는 큰 판형 한글 그림책과 영어 리더스북을 위한 공간으로 구성했다. 나머지 두 섹션은 한글 그림책, 나머지 두 섹션은 영어 그림책으로 공간을 분리했다. 책장을 가득 채운 책들에서 생각보다 내가 원하는 책을 찾기란 어렵다. 한글과 영어 공간을 분리하고, 카테고리 라벨링을 책장 밑에 붙여 두었다. 공간을 분리하

고, 그 속에서 라벨링을 하니 아이들은 자신이 원하는 책이 어느

공간에 위치하는지 스스로 책 지도를 그릴 수 있었다. ⇒ 61쪽

크기가 다른 책을 위한 수납공간

큰 판형 그림책 공간

작은 판형 책 공간

조금은 번거롭더라도 작은 판형을 위한 수납공간을 별도로 만들어 두면 같은 공간 안에 수납할 수 있는 도서의 종수가 적게는 두 배에서, 많게는 네 배까지 많아진다. 영어 리더스북이나 챕터북 등 영어학습을 많이 하는 가정에서 특별히 사용하기 좋은 팁이다.

도서 수납 공간 사이즈로는 일반 도서: 59cm×28cm 큰 도서: 59cm×32cm 작은 도서: 59cm×19cm가 적당하다고 생각한다.

전면 슬라이딩과 수납 슬라이딩의 차이

전면 슬라이딩

수납 슬라이딩

 전면 슬라이딩 제품의 가장 큰 장점은 아이들에게 읽히고 싶은 도서를 노출할 수 있다는 점이다. 아이들이 읽었으면 하는 책의 표지가 시원하게 보일 수 있도록 유도하기만 해도 아이들의 책 읽는 시간을 배로 늘릴 수 있다.

책의 탐색과 정리가 쉬워지는 책장 라벨링

책장 라벨링 1

책장 라벨링2

책의 양이 많아질수록 아이들은 읽고 싶은 책이 어디에 있는지, 정리는 어떻게 해야 하는지 어려움을 토로한다. 이때 사용하기 좋은 방법이 책장 라벨링이다. 책을 카테고리별로 분류해 두기만 해도, 아이들은 스스로 책을 탐색하고 정리하는 걸 어렵게 생각하지 않는다.

거실 서재화는 가구로만 하는 게 아니다:
부담없이 오늘부터 시작하는 법

_{○○○}

거실에 커다란 맞춤형 책장을 두는 것이 모든 엄마가 그리는 거실 서재화의 최종 정착지일지도 모른다. 하지만 예전의 내가 그랬듯이, 모든 가정에서 쉽게 맞춤형 책장을 짜넣을 수 있는 것이 아니다. 이럴 때 부담 없이 실행할 수 있는 거실 서재화 방법이 있다. 바로 앞서 소개한 다이소 박스를 활용하는 것이다. 우리 집에서도 거실 서재 밑에 네 개의 다이소 박스를 둔다. 생각보다 아이들이 이 박스 안에서 책을 많이 가져간다. 네 가지 다이소 박스의 이름은 다음과 같다.

다이소 박스 ① 아이들이 도서관에서 빌려온 책

도서관에서 빌려온 책을 책장에 꽂기란 애매하다. 자칫하면 기존의 책과 섞일 수도 있고 아이들이 스스로 고른 책을 한눈에 볼 수 있어야 자주 읽을 수 있기 때문이다. 나는 아이들이 도서관에서 빌려온 책들을 책 제목이 보이도록 한 박스에 모았다.

다이소 박스 ② 내가 아이들에게 소개하고 싶은 책

아이들과 도서관에 가면 나 역시 그림책을 빌려온다. 대게는 내가 아이들에게 소개하고 싶은 책들이다. 아이들이 즐겁게 읽었던 책이 있었다면, 거기에서 힌트를 얻어 연계 독서할 책들을 빌려온다. 이 박스 안에 내가 소개하고 싶은 새로운 책들을 책 제목이 보이도록 한 박스에 넣는다. 그러고 나서 아이들에게 지나가듯이 슬쩍 말을 한다. "이 책 저번에 네가 재밌게 읽었던 작가님이 쓴 책이야"라는 말에 아이는 당장 뽑아 들진 않더라도, 어느새 한 번은 들춰보고 있는 걸 볼 수 있다.

다이소 박스 ③ 아이들이 가장 즐겁게 읽은 책

아이들이 도서관에서 빌려온 책 중 가장 재밌었던 책들을 넣는 곳이다. 이 책들을 통해서 아이들이 흥미를 느끼는 지점을 관찰할 수 있다. 또한, 아이가 책에 흥미를 잃지 않도록 좋은 책을 찾기 위해 지역 도서관 사이트를 이용해 보자. 그중에서 특히 '함께 대출한 자료' 서비스를 추천한다. 아이가 만약《알사탕》을 재밌게 읽었다면, 도서관 사이트에서 '알사탕'을 쳐보자. 그 밑으로 '함께 대출한 자료'가 뜰 것이다.《알사탕》을 재밌게 읽은 친구들이 선택한 다른 책들의 정보가 지도처럼 펼쳐진다. 나는 그곳에서 아이가 다음번에 흥미를 느낄 책에 대한 힌트를 얻는다. 아이들의 흥미는 비슷하게 맞닿아 있기 때문이다.

다이소 박스 ④ 모르는 어휘를 찾아볼 수 있는 한자 사전

책을 읽다 보면 분명 아이가 모르는 어휘가 나온다. "엄마, '나약'이 무슨 뜻이야?"라고 묻는 순간이 온다. 그때가 바로 아이의 세상이 한 번 더 확장될 수 있는 순간이다. 새로운 어휘를 알게 된

다는 건 그만큼 나의 세상을 설명할 수 있는 단어가 많아졌다는 뜻이기 때문이다. 나는 마지막 박스 안에 한자 뜻풀이 사전을 넣어두고, 아이가 책을 읽다가 모르는 단어가 나오면 직접 찾아볼 수 있도록 했다. 찾는 방법을 알려주고 함께 연습하다 보면 어느새 아이가 스스로 사전을 펼쳐 들어 모르는 어휘를 찾는 순간이 온다. 아직 한글을 모르는 아이들은 엄마가 읽어주거나 함께 찾아주면 된다.

맞춤형 서재 가구를 장만하지 않더라도 네 가지 다이소 박스는 언제라도 구매할 수 있다. 박스에 라벨링을 해두고 아이에게 박스 안에 담아야 하는 책 설명을 해주기만 하면 당장 오늘부터도 시작할 수 있다. 맞춤형 책장을 고민하고 있다면 책에 맞게 효율적으로 공간을 짜는 법을 안내했고, 맞춤형 책장을 구성할 수 없더라도 서재화를 할 수 있는 법에 관해 이야기했다. 실은 두 가지의 목적은 같다. 방법만 다를 뿐이다. 내 아이가 어떻게 하면 책을 가까이 둘 수 있을지를 고민해 보자. 꼭 책장이 필요한 것도 아니다. 박스 네 개만으로도 오늘부터 아이와 시작할 수 있다. 그러다 보면 책장이 커질 필요성을 느끼는 날이 올 수 있고, 책장을 맞출 기회가 왔을 때 기준을 세워 잘 활용할 수 있게 될 것이다.

Chapter. 7

거실 육아의 승패를 가르는 건
식탁이다

"언제 한 번 밥이나 한 끼 먹자."

한국 사람들이 습관처럼 많이 말하는 말 중 하나다. 친밀한 사람에게 전하는 인사이기도 하고, 낯선 사람에게 호감을 나타내는 방법이기도 하다. 왜 이 말을 유독 자주 사용하는 걸까? 밥을 같이 먹는 데는 서로의 마음을 나눈다는 의미가 포함되어 있기 때문이다. 밥 한 끼에는, 단순히 먹는 행위를 넘어 나누는 행위가 들어있다. 그렇다면, 이 나눔을 가족과의 식사 시간으로 확장해 보자. 가족 식사를 매일 서로의 마음을 전할 수 있는 시간이라 생각한다면, 우리에겐 매일의 기회가 있는 셈이다. 기회라 생각하니 잘 참여하고 싶다는 생각이 절로 들지 않는가? 참여하려는 의지를 북돋는 공간의 중심에 자리 잡은 것이 식탁이다.

아이의 자립심을 키워주는 식탁에는 두 가지 기준이 있다

○○○

처음 결혼생활을 시작하며 골랐던 식탁은 연한 베이지색의 원목 식탁이었다. 그리고 그 위에 원목을 보호하기 위한 식탁 유리를 덮어두었다. 내가 이 식탁을 고른 이유는 더도 말고 딱 예뻐서라는 이유 하나 때문이었다. 아이가 생기기 전까지는 이 식탁이 예쁜 상태로 잘 유지가 되었지만, 아이가 생기고 나서는 원목이 가진 아름다움을 유지하기란 여간 어려운 일이 아니었다. 우선 가장 큰 문제점은 아이가 먹다가 흘린 음식물이 식탁과 보호 유리 사이로 자주 흘러 들어갔다는 것이다. 우유나 주스를 흘릴 때는 특히 더 닦기 힘들었다. 원목 틈새로 액체류가 쌓이고, 나무의 특성상 물을 만나니 서서히 갈라지기 시작했다. 이사 가기 전 마지막 인사를 나눴던 식탁에는 얼룩덜룩한 무늬가 육아의 훈장처럼 남아 있었다. 그때 식탁을 고르는 기준이 단순히 외적인 아름다움에만 치중되어선 안 된다는 걸 가슴 깊이 깨달았다. 식탁이 온전하게 제 역할을 할 수 있는 선택 기준이 필요했다.

우리에게 거실 식탁은 단순히 밥을 함께 먹는 곳 이상의 의미를 지닌다. 매일 이곳에서 아이와 함께 식사하며 대화가 쌓이기 때문이다. 우리는 가족 파트너로서 서로가 주체가 되는 모든 일을 논의

거실 육아

한다. 식탁은 아이가 다니는 학원, 아이의 학교행사, 아이의 친구 문제, 그리고 엄마 아빠의 직장 생활 등 서로의 고민을 꺼내놓고 문제를 해결하는 힘을 얻는 대화의 공간이다. 이런 식탁 공간에서 가장 중요한 건 청결이었다. 그렇다면 청결하게 관리하기 쉬운 제품을 고르면 되지 않을까?

거실 식탁의 청결 기준은 두 가지였다. 첫 번째, 얼룩이 쉽게 지워지는 제품일 것. 생각보다 아이들이 음식물을 자주 흘린다. 이미 원목 나무로 만든 식탁에서 얼룩이 생기고 나무 사이사이가 갈라지는 것까지 봤던 나였기에, 큰 노력 없이도 잘 닦이는지가 중요했다. 아이가 물티슈나 행주를 이용해서 스스로 닦을 때 잘 닦이는지, 얼룩이 남지 않고 잘 지워지는지를 봤다. 두 번째, 스크래치에 강할 것. 음식을 하다 보면 생각보다 냄비, 생활용품을 식탁 위에 올려두는 일이 잦다. 뜨거운 열이나 냄비가 닿아도 표면이 눌거나 스크래치가 나지 않는 제품이기를 바랐다. 이 두 가지 조건을 모두 부합하는 식탁이 있었는데, 바로 세라믹 식탁이었다. 세라믹 식탁은 물티슈나 행주로 얼룩들이 손쉽게 닦였고, 끓는 냄비도 견디는 강한 내열성을 가진 제품이었으며, 무엇보다 스크래치에 강했다. ⇒ 210쪽

식탁과 의자는 자립심 세트다

°°°

식탁 의자 또한 관리하기 쉽고 오래 앉아 있어도 편한 제품으로

찾았다. 의자 디자인이 아무리 예뻐도 딱딱한 플라스틱, 둔탁한 원목으로 만든 의자 위에선 오랜 시간 앉아 있기가 어려웠다. 의자 위에 폭신한 방석을 괜히 깔아두는 것이 아니다. 우리 집에서 식탁은 식사 이상의 의미를 가진 곳이었기 때문에, 식탁 의자에서 보내는 시간도 길었다. 그렇다면 식탁처럼 청결하게 관리하기 쉽고, 오래 앉아 있어도 편한 제품으로 골라야 했다.

　나는 의자를 고를 때에도 두 가지 기준을 살폈다. 첫 번째, 잘 닦이는 소재일 것. 아이들이 식탁에서 밥을 먹다 보면 당연히 의자에도 음식물을 흘릴 수 있다. 아이들이 스스로 닦고자 했을 때 실제로 잘 닦일 수 있는 제품인지를 보았다. 우리 집에는 '내가 만든 쓰레기는 내가 스스로 처리하기'라는 규칙 하나가 있는데, 아이들이 먹다 흘린 음식물 역시 예외가 아니다. 그렇다면, 부모가 해줘야 할 환경 구성은 잘 닦이는 소재의 의자를 골라주는 것이다. 잘 닦이지도 않은 의자를 두고 무조건 네가 닦으라고 말하는 것이 아니라, 아이가 본인의 행동에 대한 책임을 지고자 할 때 성취감을 느낄 수 있도록 연결다리를 놓아줘야 한다.

　두 번째는 착석감이었다. 우리도 경험해 봐서 알지만 딱딱한 의자에서는 30분만 앉아 있어도 엉덩이를 이리저리 돌리게 된다. 불편하기 때문이다. 아이들과 식탁에서 우리가 원하는 시간 동안 집중도 있게 보내고 싶다면, 오래 앉아도 있어도 편한 의자를 골라야 한다. 그런데 착석감은 말 그대로 앉아봐야 아는 것이기 때문에, 발품을 팔아 많은 가구점에 방문하여 직접 앉아봤다. 인체공학적

으로 디자인된 제품인지를 살폈고, 소재가 원목이나 플라스틱이
아닌 패브릭인지도 체크했다. 패브릭 제품을 고려한 이유는 아이
들이 음식물을 흘려도 물티슈를 이용하여 스스로 닦을 수 있고, 어
른이 세제를 이용하면 잘 지워지지 않는 오염 부위도 닦아낼 수 있
었기 때문이다. 또한 패브릭이라 착석감 또한 좋았다. 이처럼 식탁
과 의자는 하나의 세트처럼 살펴봐야 한다. 핵심은 아이가 식탁과
의자에서 대화하거나 청소할 때 적극적으로 참여할 수 있는 제품
인지 여부다. ⇒ 210쪽

식탁이 거실 육아의 핵심인 이유

∘∘∘

아이를 거실로 모이게 하는 피리 부는 사나이 역할은 소파가 담
당하고 있다. 그곳에서 아이들은 각자의 놀이를 구상하고, 책을 읽
고, 휴식한다. 그렇다면 식탁의 역할은 무엇일까? 바로, 아이들의
마음의 문을 여는 역할을 한다. 아이들의 마음 문을 여는 방법은
생각보다 간단하다. 좋아하는 간식이나 음식을 준비하면 되기 때
문이다. 아이들과 함께 의논해야 하는 문제가 있을 때마다 맛있는
간식이나 저녁 식사를 준비했다. 거실 식탁에서 솔솔 풍겨오는 달
콤한 냄새나, 좋아하는 음식 냄새는 아이들의 마음에 기대감을 심
어준다. 그렇기에 좋아하는 간식이나 음식을 먹으면서 하는 대화
는 자연스레 아이들 마음의 문을 여는 열쇠가 된다. 성인 간에도

중요한 협상이나 대화를 시도할 때 잘 차린 음식을 곁들인다. 긴장감을 자연스레 내려주기 때문이다.

모든 일은 사소한 대화에서부터 시작한다. 서로의 일상과 고민을 공유하는 식탁 대화를 통해 아이들과 신뢰가 쌓인다. 내가 아이와 식탁에서 문제를 해결하는 방법은 다음과 같은 대화다. 어느 날, 1년 정도 성실하게 다녔던 미술 학원을 아이가 다니기 힘들다고 표현하기 시작했고, 실제로 지쳐 보이는 신호들이 포착됐다.

"엄마. 나는 이제 미술 학원 그만 다니고 싶어. 재미없어."

"그렇구나. 안 그래도 하준이가 힘들어하는 게 보였어. 그런데 우리가 생각해 봐야 할 점이 있어. 재미와 도움이 되는 걸 구별하는 일이야. 미술이 재미는 없지만, 하준이에게 도움이 되었다고 생각하는데 하준이는 어때? 하준이가 생각하는 대로 예전보다 더 잘 표현할 수 있게 되지 않았어?"

"응. 엄마. 그건 맞아."

"그럼, 우리 다른 학원을 한 번 가볼까? 도움도 되고, 재미도 있는 곳을 찾을 수도 있잖아!"

"알았어, 엄마. 한 번 해볼게!"

우리는 거실 식탁에서 이런 대화들을 주로 나눈다. 우리의 삶에 필요한 것들을 배우기 위해선 시간이 걸린다는 점과, 몇 번의 시도와 많은 연습이 필요하다는 이야기를 나눈다. 그리고 그것을 해결하기 위한 가장 좋은 방법을 찾는다.

거실에서 엄마가 가장 먼저 얻어야 할 것은, 아이의 마음에 입장할 수 있는 입장권이다. 그 입장권은 온전히 아이만 발급할 수 있다. 아이가 자신의 고민을 솔직하게 식탁 위에 올려둘지 말지에 대한 문제이기 때문이다. 식탁은 이 입장권을 구매할 수 있는 신뢰를 쌓는 공간이다. 식탁에서 주어지는 매일의 기회를 놓치지 않기를 바란다.

거실 공부:
거실에서 한 번 더
도전하는 아이들

Chapter. 1

아이의 집중력을 좌우하는
책상 고르기

도쿄대학 학생들에게 평소 어디에서 공부했는지 물은 설문조사가 있다. 응답자의 74퍼센트가 거실에서 공부한다고 밝혔고, 공부방이 15퍼센트, 기타 공간이 11퍼센트였다. 이 설문조사가 흥미로운 점은, 거실 공부는 부모가 곁에서 조력해야 하는 영유아기에 한정되지 않는다는 것이다. 영유아기에 거실에서 공부하는 습관이 잡힌 아이들은 청소년기에 들어서도 방으로 들어가는 것이 아니라, 그대로 거실에 머물러 공부를 이어 나간다. 그렇다면, 우리는 아이에게 어떤 거실을 제공할 것인지를 고민할 필요가 있다. 거실에 공부하고 싶어지는 마음이 들게 하는 책상이 있다면 어떨까?

학습 액셀을 멈추고 책상과 호감부터 쌓기

°°°

처음부터 책상에 앉아 스스로 공부하는 아이는 단언컨대 없다. 그런데 우리는 거실에 책상을 놓는 첫 시작점부터 아이가 그곳에 앉아 스스로 공부하기를 원한다. 거실에 책상 하나를 놓았다고, 단번에 아이들의 거실 공부가 시작되는 것은 아니다. 이는 마치 한글 자음을 배우고 있는 아이에게, 받아쓰기 100점을 받아오라고 말하는 격이다. 최종 목표에 이르기까지 단계적인 조정이 필요하다. 거실에 책상을 놓았다면, 무엇부터 시작해야 할까? 아이들에게 책상이 앉고 싶어지는 공간이 될 수 있도록, 호감을 쌓는 계기가 필요하다.

우리 집에선 아이들이 세 살 무렵부터 자그마한 개인 책상을 놓아주었다. 이 책상 위에서 했던 활동들은 다름 아닌 '놀이'였다. 책상에서 놀이를 시작했던 주된 이유는 내가 편해서였다. 거실 바닥에 앉아서 하는 놀이는 시간이 지나면 어김없이 고개나 허리가 아팠다. 고개나 허리를 숙이고 해야 하는 놀이가 많았기 때문이다. 아이 책상을 거실에 들이고 나서는 아이와 놀이할 때 한결 수월해졌다. 아이가 책상 의자에 앉아 있으면, 마주 보며 상호 놀이를 하기에 편했고 눈높이 또한 맞아서 고개나 허리가 아픈 일이 줄었다. 그러다 보니 자연스레 책상에서 놀이하는 시간이 늘었다.

책상에서 했던 놀이는 단순하다. 아이가 좋아하는 역할 놀이, 엄마표 가베 수업, 미술 놀이, 책 읽기 등 다양했다. 아이는 거실에 놓인 책상을 자신의 공간으로 인식하며 호감을 쌓아갔다. 아이 역시 자신이 좋아하는 것을 책상에 올려놓고 놀이하는 시간이 늘었다. 부모가 흔히 하는 실수는 책상 구매까지가 우리의 역할이고, 나머지는 아이의 역할이라 생각하는 점이다. "오늘부터 이게 너의 책상이야"라고 말해줘도, 아이에게 진정 '나의 책상'이 되기까지는 시간이 걸린다. 아이에게 책상이 좋아하는 공간으로 인식되는 것부터가 거실 공부의 시작이다.

아이 발달단계에 맞는 책상을 고르는 기준

○○○

책상에 대한 호감도를 쌓기 위해 먼저 필요한 것은, 아이에게 책상과 의자가 편해야 한다는 점이다. 아무리 책상 위에서 아이가 좋아하는 활동을 한다고 할지라도, 불편하면 오랫동안 지속하기 힘들다. 그렇다면 편한 책상이란 무엇일까? 나는 아이의 발달단계를 고려하여 고르는 책상이라 생각한다. 나는 6세, 8세 아이들을 키우는 동안 아이 책상을 두 번 바꿨다. 책상을 바꿨던 시점은 아이가 5세일 때였고, 앞으로 10세가 되는 시점에 책상을 한 번 더 바꿀 예정이다. 5세 이전에는 어떤 책상을 골라야 할까? 이때의 발달단계를 살펴보자.

4~7세는 전조작기*로 물체를 만지면서 개념을 내면화시키는 시기다. 물체를 만지면서 세상의 개념을 익히는 통로를 구축하기

위해서, 이 시기의 아이들은 당연히 자주 돌아다니고 움직인다. 그렇다면 책상 역시 아이가 적극적으로 놀이할 수 있도록 적합한 역할을 해야 한다. 먼저 책상을 이리저리 옮기거나 피해 다닐 수 있으려면 크지 않아야 한다. 의자 역시 아이가 앉았을 때 쿠션감이 있어서 편하지만, 지나치게 폭신해서 자세가 흐트러지지 않아야 한다. 이때 골랐던 제품은 800밀리미터 폭의 책상으로, 아이 키에 따라 두 단계 높낮이 조절이 가능했다. ⇒ 210쪽

6세가 되면 구체적 조작기에 들어설 준비를 한다. 구체적 조작기의 주요 특징은 논리적 사고가 발달한다는 것이다. 피아제(Jean Piaget)의 인지 발달이론에 따르면 구체적 조작기 시기의 아이는 계열화 및 분류가 가능해지는데, 이는 정해진 규칙에 따라 특정한 지시를 수행할 수 있게 되었다는 뜻이기도 하다. 한마디로 아이와 함께 책상에 앉아 일정하게 공부하는 습관을 들일 수 있는 시기라는 의미이다. 그렇다면 책상 역시 아이의 발달단계에 따라 달라져야 한다. 책상이 아이에게 놀이의 일종으로 인식되던 전조작기와는 달리, 이제 학습도 함께 이루어지는 공간이 되어야 한다. 전 단계의 책상보다 넓고, 높이 조절이 폭넓게 되는 책상을 찾았다. 이때 골랐던 책상의 폭은 1200밀리미터였다. 이 책상의 주요 특징은 가운데가 움푹 들어간 곡선 형태라 아이들이 앉았을 때 자연스레 편안한 자세가 잡히고, 책상 테두리가 범퍼 처리가 되어 있어서 아

---

* 스위스의 심리학자 피아제가 나눈 인간의 지적 발달의 두 번째 단계로, 2세에서 6,7세 전후 자기중심적이며 직관적인 시기를 말한다. 논리적인 조작 능력을 갖기 전 시기를 가리킨다.

직 신체 활동이 많은 아이에게 안전했다. ⇒ 210쪽

10세는 형식적 조작기에 해당한다. 피아제의 발달단계 중 가장 마지막에 속하는 영역이다. 이때의 주요 특징은 직접적인 경험이 없어도 문제를 추리하고 해결할 수 있다는 점이다. 또한, 전 단계에서 주요 고려 대상이었던 신체 활동에 따른 안전성에 대한 주의 감독이 자유로워지는 시기이며, 그간 쌓아온 습관으로 자기 주도적으로 공부를 이끌 힘이 생기는 시기이기도 하다. 그 말은 의자에 오래 앉아 있을 수 있는 엉덩이 힘을 기르는 시기라는 뜻이다. 그렇기에 책상도 중요하지만, 허리나 척추를 잘 잡아줄 의자를 고심해서 선택하는 것이 더 중요하다고 생각한다. 중고등까지의 시기를 살펴봤을 때, 폭 1400밀리미터 정도의 기본적인 책상으로 선택하여 아이가 직접 북엔드, 수납장, 스탠드 등을 선택하여 자신에게 맞는 책상 환경을 꾸밀 기회를 주어야 한다.

사람이 가장 행복감을 느끼는 때는 성취감을 느끼는 순간이라고 한다. 나는 이 말은 곧 '모든 아이는 공부를 잘하고 싶어 한다'와 동일한 뜻이라고 생각한다. 그렇다면 부모의 역할은 아이들이 실제로 공부하게 될 책상에 대한 호감도를 높여주는 데에서부터 출발해야 한다. 아이는 앞으로 자신이 이루고 싶은 꿈을 위해, 또는 삶을 살아가기 위한 배움을 얻기 위해 책상에 앉아 많은 시간을 보내야 할 것이다. 이 중요한 시작점에 아이가 책상에 대한 긍정적인 기억을 품은 채 배움에 도약할 수 있도록 도와주자.

Chapter. 2

책상에 남겨야 하는 것과
남겨서는 안 되는 것

거실공부

"새로운 생각과 혁신은 어디서 나오죠?"

《도둑맞은 집중력》의 저자 요한 하리(Johann Hari)의 물음이다. 불과 얼마 전까지만 해도 새로운 생각과 혁신은 멀티태스킹에서 나온다고 믿었던 때가 있다. 멀티태스킹이란 동시에 하나 이상의 기능 혹은 프로세싱을 실행하는 일을 뜻하는 컴퓨터 용어이다. 우리는 이 용어를 생활에서도 자주 접목하여 사용한다. 업무 1을 하면서, 업무 2를 동시에 수행한다면 말 그대로 시간 대비 효율성이 높아지기 때문이다. 그러나 여기서 간과한 한 가지 사실이 있다. 메사추세스 공과대학(MIT)의 얼 밀러(Earl Miller) 교수에 따르면, 멀티태스킹에는 '전환비용효과'가 든다고 한다.

전환비용효과란, 동시에 두 가지 일을 할 때 한 가지 일에서 다른 일로 전환하는 순간 지불해야 하는 뇌의 비용을 뜻한다. 우리의 뇌는 동시에 한두 개의 생각밖에 하지 못하기 때문에, 한 가지 일을 하고 있다가 다른 일로 전환할 때 반드시 생각을 다시 세팅해야 한다. 뇌가 직전에 수행하던 일에서 다음 일로 전환할 때의 전환비용효과가 높을수록 업무의 능력이나 집중력은 현저히 저하된다는 연구 결과가 많다. 그렇다면 어떻게 해야 집중을 잘할 수 있을까? 얼 밀러 교수는 일하는 도중에는 그 일에만 집중할 수 있도록 주의를 산만하게 하는 것들을 최대한 없애야 한다고 말한다. 이를 아이 책상에도 적용해 보자. 한 가지 일에만 집중할 수 있도록 하려면 책상 환경은 어떻게 구성해야 할까? 우선 책상에 올려둬야 하는 것과 올리지 말아야 하는 것을 분리해 보자.

뇌의 전환비용을 줄이는 책상

◦◦◦

아이의 책상에는 다양한 용품이 모여 있다. 전날 풀다 만 문제집, 미처 다 먹지 못한 간식, 지우개 가루, 오늘 하려고 올려둔 숙제 등 수북하다. 많은 사람이 미니멀리즘을 꿈꾼다. 미니멀리즘을 지향하는 이유 중에는, 분명 뇌의 전환비용을 줄이기 위한 시도가 포함되어 있을 것이다. 물건은 많을수록 정리하기가 힘들고, 정리하기 힘들면 짜증이 솟구친다. 미니멀하게 집을 비우면서 비로소 자유를 맛보았다는 사람들이 많다. 비어 있는 공간이 주는 여유와 안도감 때문이다. 커피를 마시고 싶을 때, 서랍장을 뒤지지 않고 바로 캡슐을 꺼낼 때 충족되는 바로 그 느낌이다. 아이 책상 역시 마찬가지다. 책상 위도 미니멀하게 정리해야 한다. 그렇다면 어떤 물건을 남겨야 할까?

아이의 책상에 두어야 하는 세 가지 물건

○○○

기준 ① 현재 집중해야 하는 물건

책상 위에는 아이가 현재 집중하기로 선택한 물건만을 올려두어야 한다. 나 또한 아이 문제집이나 활동지를 정리한 책꽂이 전체를 아이 책상 위에 올려두고 생활했던 적이 있다. 당시 아이는 본인이 선택한 수학 문제집을 풀다가, 어려운 문제가 나오자 책꽂이에 있는 다른 문제집을 풀겠다고 한 적이 있다. 눈앞에 다양한 선택의 기회가 있을 때, 쉽게 다른 '대안'을 찾게 된다는 것을 그때 느꼈다. 요한 하리의 말처럼 집중하고자 하는 대상 외에 다른 대안은 책상에 두지 않는 것이 좋다. 오늘 풀 수학 문제집 한 권을 선택했다면, 오직 그것만을 올려두는 것이다.

기준 ② 집중을 도와주는 물건

아이가 선택한 대상에 오롯이 집중할 수 있도록 도와주는 고마운 물건들이 있다. 우리 집에서는 세 가지 물건을 꼭 책상 위에 올려두는데, 독서대, 타이머, 셈수판이다. 독서대는 바로 앉으라는 잔소리를 절반으로 줄이는 역할을 한다. 타이머는 아이가 정한 시간 동안 혼자 집중해서 문제를 풀어보는 연습을 하도록 도와준다. 셈수판은 수 구슬이 10묶음씩 10개가 있어 100개까지의 수를 셀수 있는 수학 보조 교구인데, 복잡한 연산이 나왔을 때 도움을 준다. 이처럼 책상 위에 있는 물건이 전환비용이 드는 것인지, 현재 선택한 활동의 집중력을 높일 수 있는 물건인지 구별하는 것이 중요하다. ⇒ 211쪽

기준 ③ 동기를 부여하는 물건

야구선수 오타니 쇼헤이(大谷翔平)의 활약 뒤에는 그가 쓴 만다라트가 있었다. 만다라트는 일본의 마츠무라 야스오(松村寧雄)가 개발한 사고 기법으로, 활짝 핀 연꽃 모양으로 아이디어를 다양하게 뻗어 나가는 데 도움을 준다. 만다라트의 가운데에는 우리가 이루고 싶은 '최종목표'를 적는다. 많은 학생이 시험을 앞두고 책상 앞에 목표를 적어 동기를 부여한다. 이처럼 책상 위에는 아이의 동기를 자극할 물건이나, 목표를 적어두면 좋다. 우리 집에서는 저금통을 책상 위에 함께 둔다. 하루의 계획표를 모두 완성하고 나면, 아이들은 내게 100원을 받는다. 아이들은 이 100원을 모아 현장체험 간식, 친구 생일 선물, 읽고 싶은 책 등을 스스로 산다. 집중력이 흐트러질 때 이렇게 아이의 동기를 자극시킬 수 있는 물건이나 문

구를 올려두면 효과가 좋다.

아이의 책상에 올려두면 좋은 물건 세 가지 기준을 알아보았다면, 이제 아이의 책상에 올리지 말아야 할 세 가지도 기준도 알아보겠다.

아이 책상에 두면 안 되는 세 가지 물건

°°°

기준 ① 책꽂이 전체를 올려두지 않을 것

책상에 올려두어야 할 것에서 이미 책꽂이 이야기를 했다. 위의 내용을 읽으며 '그럼 책꽂이를 어디에 두어야 할까?' 의문이 들었을 것 같다. 책상 바로 밑이 책꽂이가 있으면 좋을 최적의 장소다. 책상에는 집중해야 하는 대상 하나만을 올려두고, 손을 뻗으면 닿을 수 있는 가까운 거리에 책꽂이를 두면 아이는 쉽게 다음 행동을 선택할 수 있게 된다. 그럼 어떤 책꽂이를 선택하면 좋을까? 책꽂이는 라벨링을 붙일 수 있는 칸이 있어 문제집 섹션을 파악하기 쉬워야 하며, 개폐식이어서 아이가 언제든 편히 뺄 수 있어야한다. 나의 요구에 딱 맞는 책꽂이를 찾았고, 국어, 수학, 한자, 영어 등으로 섹션을 나누어 문제집을 보관했다. 이외에도 나는 이 책꽂이를 나만의 특별한 방법으로 사용했다.

바로 책꽂이를 눕히는 것이다. 책꽂이를 아이 책상 밑에 두었기 때문에, 위에서 봤을 때 책 기둥이 보이려면 책꽂이를 눕혀야 했다. 아이가 어떤 문제집이 있는지 한 눈에 파악함으로써, 선택과 정리가 동시에 해결되었다. ⇒ 211쪽

기준 ② 간식이나 아이의 시선을 뺏는 물품을 올려두지 않을 것

아이가 집중하고자 하는 마음의 욕구가 있는데, 그 욕구를 허무하리만큼 무너트리는 물건들이 있다. 간식, 장난감, 태블릿, 휴대전화 등이다. 아이가 공부나 숙제를 시작하려고 책상에 앉았는데 위 네 가지가 함께 있다면, 아이가 써야 할 집중력은 매력적인 네 가지 물건에 집중하지 않으려는 데 쓰이고 만다. 엉뚱한 곳에 집중력이 쓰이게 되는 것이다. 아이가 먹고 싶거나, 놀고 싶거나, 만지고 싶은 것들이 책상 위에 함께 올라가 있어서는 안 된다. 책상이 놀이의 공간으로 존재할 때는 괜찮지만, 공부하는 도구로써 쓰이는 순간에는 아이의 시선을 사로잡는 불필요한 것들은 모두 제거해야 한다.

기준 ③ 쓰레기를 올려두지 않을 것

"책상 정리 좀 해라!"라는 잔소리를 하지 않으려면, 어렸을 때부터 자신의 책상 위는 스스로 정리하게 하는 습관을 들여야 한다. 책상이 아이에게 좋아하는 공간으로 인식되게 하려면 그곳을 깨끗하게 관리하는 것 역시 아이의 책임으로 넘겨야 한다. 아이들이 책상에서 생활하는 시간이 길어지다 보니 책상 위에는 아이들이

먹다 남은 간식, 지우개 가루, 약 봉투 등이 올라가게 마련이다. 정리는 쌓이다 보면 부담이 된다. 아이가 어릴 때부터, 책상을 쓰고 나면 한 번 살펴보고 쓰레기를 버리는 습관을 들일 수 있도록 함께 노력해야 한다. 습관 계획표에 '책상 치우기'를 넣는 것도 좋은 방법이다.

학교에서 아이들을 만나면서, 그리고 두 아이를 키우면서 매번 느끼는 점은 '아이들은 배우는 것에 집중하고 싶어 한다'라는 것이다. 모든 아이에게는 배우고 싶은 욕망이 있으며, 자신을 성장시킬 학습에 집중하고 싶어 한다. 요한 하리 역시《도둑맞은 집중력》에서 시스템에 대한 이야기를 했다. 집중하지 못하는 것은 개인의 문제가 아닌, 집중력을 빼앗은 다양한 사회 도구적 문제일 수 있다는 것이다. 책상 또한 작은 시스템에 속한다. 아이들이 집중하고 싶을 때 마음 놓고 집중할 수 있는 환경 구성을 해주는 것이, 부모이기에 할 수 있는 가치 있는 고민이라 생각한다.

Chapter. 3

학용품 보관법이
몰입을 부른다

"엄마, 연필이랑 지우개 어딨어?"

"엄마, 가위랑 풀은 어딨는데?"

아이와 함께 책상에 앉아 숙제를 해보려고 하면 언제나 꼬리표처럼 학용품 행방에 관한 질문이 따라온다. 연필이나 지우개면 그나마 책상 근처에서 찾을 수 있는데, 사인펜이나 색연필 같은 경우는 준비물을 찾으면서 이미 학습에 대한 열정이 식기도 한다. 학용품의 위치를 찾는 것으로 이미 엄마는 에너지를 소진했고, 아이 역시 함께 찾거나 기다리면서 흥미가 다른 곳으로 옮겨가는 경우가 많다. 아이가 공부하거나, 혹은 함께 거실에서 활동하며 꼭 필요한 학습 도구가 바로 학용품이다. 이 학용품을 어떻게 보관하느냐에 따라 학습에 대한 집중도가 끊어질 수도, 이어질 수 있다. 학용품도 환경 구성의 측면에서 전략을 짤 수 있다. 생각보다 간단하고, 어렵지 않다.

학용품 보관법에 대한 아이디어는 학급을 운영하면서 찾았다. 생각보다 많은 학생이 수업 시간에 연필, 지우개, 자, 사인펜, 색연필, 가위, 풀 등을 찾고 정리하느라 너무 많은 시간을 허비하고 있었다. 필통에 넣어 다니지 않는 학용품은 부피가 큰 색연필, 사인펜 등이다. 아이들은 이 학용품이 어디에 있는지부터, 그리고 어떻게 정리해야 하는지 방법을 몰라 생각보다 많은 시간을 낭비하고 있었다. 정리하고 싶지 않아서 안 하는 게 아니라, 어떻게 정리해야 효율적인지 몰라 못 하는 경우가 더 많았다. 그렇다면 나의 역할은, 아이들이 배움에 집중하고 싶을 때 집중할 수 있는 환경 구성 전략을 짜주는 것이다. 학용품을 꺼내 오고 정리하느라 시간을 보내지 않고, 그 시간을 아껴서 배움에 집중할 수 있는 에너지로 활용하게 하고 싶었다. 내가 썼던 방법은 학용품 구역을 정확히 나눠주는 것이었다.

아이들도 정리가 싫어서 안 하는 게 아니다

° ° °

학생들은 이 정리법으로 실제 학습에 더욱 적극적으로 참여하는 모습을 보였다. 학용품을 구역에 따라 나눠서 한 곳에 정리한 것뿐인데, 학습의 흐름이 끊기지 않을 수 있었다. 학용품을 구역별로 나눠서 정리하고자 한다면, 우선 알맞은 정리함부터 찾아야 한다. 시중에 나와 있는 다양한 정리함 제품들을 두 가지 기준을 두고 비교했다. 다양한 제품의 수납이 가능해야 했고, 아이들이 손쉽게 들고 다닐 수 있어야 했다.

내가 선택한 제품은 첫 번째로, 다섯 가지 구역으로 나뉘어져 있다는 점이 좋았다. 색연필, 사인펜 등과 같이 부피를 차지하는 물건을 정리할 폭이 넓은 두 곳과 연필, 지우개, 자, 가위 등과 같은 작은 물건을 정리할 폭이 좁은 세 곳의 구역이 나뉘어 있었다. 이 때문에 아이들이 학습 참여에 필요한 모든 학용품을 한 곳에 정리할 수 있었다. 또한 학용품에 따른 구역이 나뉘어 있었기 때문에 정리 또한 직관적으로 쉽게 할 수 있었다. 두 번째로, 손잡이가 있어 좋았다. 생각보다 손잡이가 있는 정리함이 많지 않다. 그런데 손잡이의 여부는 생각보다 큰 부분을 차지한다. 아이들이 필요로 할 때 손쉽게 들고 다닐 수 있어야 하기 때문이다. 능동적으로 참여하고 싶을 때, 정리함 손잡이 하나로 기회의 발판을 만들어 줄 수 있다. 마지막으로 이 정리함에 아이들이 직접 본인의 이름 스티커를 붙이게 했다. 이름을 쓴다는 것은 보관과 정리에 대한 '책임'을 넘긴다는 뜻이다. 학용품 보관법에 대한 간단한 환경 구성 전략을 썼을 뿐인데, 학용품을 스스로 챙기고 정리하는 모습이 눈에 띄게 늘었다. 아이들은 하고 싶지 않아서 하지 않는 게 아니라, 방법을 몰라서 하지 못했을 뿐이란 걸 다시 한번 깨닫게 되는 계기였

다. ⇒ 211쪽

몰입할 수 있는 환경을 만들어 주는 것

◦◦◦

미국의 행동주의 심리학자 스키너(Burrhus Frederic Skinner)는, "우리는 뭘 하는 법을 배울 수 있어도 뭘 하지 않는 법을 배울 수 없다"라는 말을 했다. 이처럼 학용품 정리는 아이들에게 무언가를 능동적으로 하는 법을 알려주는 일 중 하나다. 사소한 영역이라고 무시할 수 없는 이유는, 학용품은 학습을 시작하기 위한 필수용품이기 때문이다. 집에서도 학교에서와 마찬가지로 아이들에게 학용품을 보관하고 정리하는 법에 대해 알려주었다. 그 뒤로 아이들은 학용품을 찾느라 시간을 보내는 일이 현저히 줄어들었다. 아이가 스스로 해내고자 하는 마음이 들 때, 그 마음을 격려해 주는 방법은 생각보다 간단한 환경 구성으로 가능하다.

'몰입'의 사전적 정의를 찾아보면 깊이 파고들거나 빠진다는 뜻이다. 몰입이라는 것이 손가락을 딱! 하고 치면 마법처럼 되는 것이 아니다. 몰입에도 준비가 필요하다. 몰입에 대한 대상을 정하는 것은 전적으로 아이의 선택이지만, 몰입 환경을 만들어 주는 것은 부모의 영역이다. 아이는 몰입에 대한 신호를 다양하게 보낸다. 그리고 싶은 그림을 그릴 때, 오늘 정한 숙제를 해내고자 할 때, 쓰고자 하는 마음이 들었을 때, 마음의 스파크가 이는 바로 그 순간이 우리에게 신호를 보내오는 때다. 이때 아이가 배움이라는 공간 속으로 깊게 유영하여 들어갈 수 있도록 하자. 스파크가 이는 순간이 자연스럽게 행동으로 연결되기 위해선 늘상 쓰는 학용품의 구조화가 필요하다. 스파크가 반짝 뛰어 오르는 그 순간에 아이의 에너지가 학용품을 찾는 데 흐트러지기 않기를 바란다. 학용품이 어디에 있는지, 어떻게 정리해야 하는지에 대한 구조화된 연습이야말로 몰입에 필요한 기초적인 연습이 된다. 그 시작은 학용품 보관법에서 간단하게 출발할 수 있다.

Chapter. 4

학습을 장기기억으로 보내는
최단 열차

"가장 효과 좋은 공부 방법이 뭘까?"

이 질문에 대한 답으로, 미국의 행동과학연구소(National Training Laboratories)에서 학습 피라미드란 연구 결과를 제시했다. 단순히 듣고 읽는 주입식 교육 방법으로 학습한 학습자들은 24시간 후 학습 내용을 10퍼센트 미만으로 기억했지만, 학습 내용을 다른 사람에게 설명하는 방법을 사용한 학습자들은 90퍼센트까지 기억해 냈다. 그렇다면 이렇게 효과 좋은 공부법인 '설명하기'를, 아이들에게 자연스럽게 노출할 방법이 있을까? 나는 거실에 화이트보드 하나를 놓는 것으로 환경 조성을 했다. 화이트보드야말로 영유아기부터 학년이 높아질수록 빛을 발하는 학습 도구다.

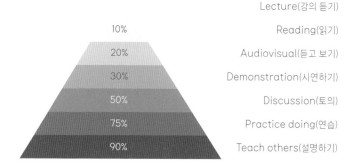

Lecture(강의 듣기)

10%　　Reading(읽기)

20%　　Audiovisual(듣고 보기)

30%　　Demonstration(시연하기)

50%　　Discussion(토의)

75%　　Practice doing(연습)

90%　　Teach others(설명하기)

The Learning Pyramid(학습 피라미드)

설명하기 공부법이 쉬워지는 세 가지 전략

。。。

학습 피라미드에서 설명하기가 가장 높은 비율을 차지하는 이유가 뭘까? 설명하기는 메타인지와 직접적으로 연결된 학습법이기 때문이다. 알버트 아이슈타인(Albert Einstein)도 이런 말을 했다. "쉽게 설명할 수 없으면, 제대로 아는 게 아니다." 설명하기가 메타인지와 연관된 이유가 있다. 타인에게 개념을 설명하면서 자신이 모르는 부분을 인지할 수 있고, 아는 것도 타인에게 쉽게 전달하기 위해서는 정보를 솎아내고 핵심을 요약해야 하기 때문이다. 자신을 조망하는 메타인지와 정확히 일치하는 공부법이다. 하지만 처음부터 설명하기를 잘하는 아이는 없다. 좋은 학습 방법일수록 누적된 연습의 시간이 필요하다. 아이가 스스로 설명하는 기쁨을 알게 하기 위해서는 세 가지 전략이 필요하다. 그림 그리기 전략, 경험 연결 짓기 전략, 질문-확인 전략이다.

① 그림 그리기 전략

말로 설명하기 어려운 생각을 그림이나 도식을 통해 표현하는 방법이다. 마인드맵 전략의 전 단계로 생각하면 좋다. 자신이 알고 있는 것일지라도 말로 쉽게 표현하기까지는 다양한 단계를 거쳐야 한다. 설명하기의 뜻은 상대방이 잘 알 수 있도록 밝혀 말한다는 것이다. 즉, 청자가 존재한다. 상대방을 이해시키기 위해선 불필요한 정보 고르기, 핵심 정보 찾기, 쉬운 단어 연결하기 등과 같은 단계를 거친 뒤 언어로 표현이 된다. 처음 설명하기를 경험하는 아이들에겐 당연히 어려운 일이다. 이때 사용하기 좋은 방법은 그림을 함께 그려가며 이야기하는 것이다. 포켓몬을 사랑하는 하준이의 경우 본인이 새로운 포켓몬 캐릭터와 세계관을 만들었었다. 말로만 설명하는 것이 본인의 생각만큼 전달이 되지 않는 걸 느끼자 답답함을 느끼는 것이 보였다. 그때, "그림을 그려보면 어때?"라는 나의 질문을 듣고 화이트보드에 그림을 그려가며 설명해 주었다. 청자의 이해도도 높이고, 본인이 전달하고자 하는 바도 수월하게 전달되는 경험이 쌓였다. 이때부터 아이는 그림을 설명하기에 적극 활용하여 사용하고 있다.

② 경험 연결 짓기 전략

자신이 이미 알고 있고 경험한 것에 빗대어 새로 배운 것을 연결 지어주는 방법이다.

하준이가 일곱 살 때 일이다. 3·1절과 관련된 책을 읽다가 아이가 "일본은 왜 한국을 침략했을까?"란 질문을 던졌다. 이때, 아이가 이미 알고 있고 경험한 게 무엇인지 떠올려보았다. 아이는 비행기를 타고 해외여행을 간 적이 있는데, 다섯 시간이 걸리는 거리와 한 시간이 걸리는 거리의 차이점을 알고 있었다. 한 시간이 걸리는 제주도에 가는 것과 다섯 시간이 걸리는 베트남에 가는 불편함의 정도를 이미 알고 있는 아이에게, '왜적의 침입이 쉬웠던 지정학적 이유'를 설명하니 개념을 연결하기 좋았다. 또한, 지진이나 화산이 빈번하게 발생하는 섬과 내륙의 차이점을 알고 있었기에, 자원을 얻기 위해 침략한다는 사실과도 연결하여 설명해 주었다. 이처럼 아이는 이미 경험한 것과 새로운 걸 연결할 때 이해가 쉬워진다는 걸 느꼈다. 아이가 직접 깨달은 방법은, 당연히 더 자주 꺼내 쓰는 전략이 된다.

③ 질문-확인 전략

상대방이 알맞게 이해하고 있는지 단계별 질문을 통해 확인하는 방법이다. 우리 집에선 자신이 잘하는 것을 배우고 싶어 하는 사람에게 '설명하기'를 통해 알려주고 있다. 하윤이가 하준이에게 종이접기를 배우고 싶어 해서, 하준이가 종이접기 강의를 한 적이 여러 번 있다. 이때 하준이에게 질문-확인 전략을 적절하게 사용할 수 있도록 안내해 주었다. 간단하게 단계마다 하윤이의 속도에 맞춰 질문을 하면 된다는 말만 전했다. 하준이는 하윤이에게 "어떤 부분이 어려워?" "다시 한번 보여줄까?"와 같은 질문-확인 전략을 사용했고, 꽤 어려운 종이접기였음에도 하윤이가 끝까지 완성할 수 있었다.

위와 같은 전략은 한 번만 사용하는 것이 아니라 여러 번 반복해야 결국 나의 일부가 된다. 이때 유의할 점은 아이만 설명하기를 해서는 안 된다는 점이다. 세 가지 전략을 어떻게 사용해야 하는지 부모와 연습이 필요하다. 아이에게 스스로 설명할 수 있도록 반복적인 기회를 주고, 진심으로 경청하는 청중의 역할을 우리가 해주는 것만으로도 아이는 설명하기의 기쁨을 알아갈 수 있다.

나에게 맞는 화이트보드 고르는 방법 세 가지

∘∘∘

설명하기의 중요성과 쉽게 접근할 수 있는 세 가지 전략을 살펴봤다면, 이제 어떤 화이트보드를 구매하면 좋을지 생각해 볼 차례다. 나는 아이들이 영유아기 때부터 거실에 화이트보드를 놓고 사용했는데, 세 가지 조건을 중점적으로 고려했다.

① 쓰는 시기

화이트보드를 어느 시기에 사용하나에 따라 제품 선택의 폭이 달라진다. 7세 이전의 영유아일 경우에는 바닥에 앉아 놀이하는 시간이 길고 키가 크지 않기에 주로 바닥에 앉아서 쓸 수 있는 낮은 화이트보드를 선택해서 사용했다. 또한 화이트보드를 잡거나 몸을 기대는 경우가 많으므로 안정성의 이유로 이동식이 아닌 고정형 화이트보드를 이용했다. 아이의 연령대가 높아질수록 안정성에 대한 위험이 줄고, 신체가 커진다. 이때 낮은 화이트보드에서 높은 화이트보드로, 고정형에서 바퀴가 달린 이동성 화이트보드로 교체했다. 이동형 화이트보드는 장소에 구애받지 않고 어디서든 사용할 수 있다는 장점이 크다. ⇒ 211쪽

② 쓰는 대상

사용 시기를 고려했다면 쓰는 대상이 누구인지도 살펴봐야 한다. 아이가 둘 이상이라면, 하나의 화이트보드에서 자신의 영역을 침범하지 말라며 싸우는 일이 한 번 이상은 꼭 있었을 것이다. 나역시도 아이들이 화이트보드를 사용할 때마다 영역 다툼이 있었다. 그때마다 보드마카로 화이트보드의 반을 선으로 정확하게 그어 하준이와 하윤이의 영역을 나누어 주곤 했다. 그랬기에 낮은 화이트보드에서 높은 화이트보드로 제품을 변경했을 때 중요하게 본 요소도 '양면 사용'이 가능한지 여부였다. 양면이 좋은 이유는, 아이들 각자의 영역이 보장된다는 점이다. 이는 자녀가 한 명

이어도 부모와 동시에 화이트보드를 사용할 수 있어 이점이 된다.

⇒ 211쪽

③ 쓰는 용도

화이트보드도 자성이 있는 것과 없는 것이 있다. 또한, 자성이 있느냐 없느냐에 따라 가격도 차이가 난다. 자석 한글 교구, 자석 수 교구 등 영유아일수록 자석과 관련된 교구들이 많다. 자성이 있는 화이트보드를 선택하면 아이들과 자석 교구로 놀이할 수 있기에, 단순히 필기용인지 교구로 사용할 것인지를 구분하면 좋다. 만약 필기를 위해 주로 쓸 용도라면, 강화유리 화이트보드를 선택지에 넣는 것도 추천한다. 강화유리 화이트보드는 일반 화이트보드에 비해 스크래치에 강하고 필기감이 좋다. 이처럼 쓰는 용도에 따라서 화이트보드의 종류 선택도 달라진다.

화이트보드도 거실에 두면 꽤 많은 공간을 차지하는 가구 중 하나다. 한정된 공간에 부피가 큰 물품을 넣을 땐, 그만한 교육적 실효성을 따져야 한다.

우리가 화이트보드를 굳이 거실에 놓는 이유는 뭘까? 메타인지를 키울 수 있는 학습법이기 때문이다. 메타인지와 연관된 학습법이 성공적인 이유는, 학습한 내용이 장기기억으로 향하는 열차에 모두 탑승하기 때문이다. 학습은 결국 장기기억과의 싸움이다. 그렇기에 설명하기는 장기기억으로 가는 가장 성능 좋은 열차가 될 수 있다. 일단 화이트보드를 거실에 놓았다면, 장기기억으로 가는 최단 열차의 탑승권을 얻은 셈이다. 하지만 탑승권이 있더라도, '설명하기'란 전략을 함께 사용하지 않으면 기차에 올라타지 않은 셈이다. 기차에 타지 않으면, 결국 장기기억이란 목적지에 도달할 수 없다는 걸 기억하자.

Chapter. 5

하버드대학 졸업생의
성공 법칙 '이것'

"성공하는 아이들의 유일한 공통점은 무엇일까?"

이 물음에 대한 답을 하기 위해 1938년부터 시작된 하버드대학교의 '그랜트 연구'를 소개한다. 윌리엄 토머스 그랜트(William Thomas Grant)가 후원을 받아 268명 하버드 졸업생들의 삶을 무려 80년 넘게 추적 관찰한 이 연구는 역사상 가장 긴 종단연구로 널리 알려져 있다. 40여 년간 이 연구의 책임자로 일했던 조지 베일런트(George Vaillant) 박사는 연구를 총정리하는 자신의 저서 《행복의 비밀》에서 밝히기를, 성인이 되어 성공적이고 행복한 삶을 누리는 이들의 공통적인 특성을 살펴본 결과, 최대한 일찍부터 집안일을 배우고 실천했다고 말했다.

'성공적이고 행복한 삶을 누리는 방법을 말하면서 웬 집안일?'
이라고 생각할 수도 있지만, 집안일이야말로 아이가 영유아 시절
부터 가족 구성원으로서 책임감을 기를 수 있는 중요한 역할이다.
"너는 공부에만 집중해. 나머지는 엄마가 할게." 아이를 사랑하는
진실한 마음에서 우러나온 말이겠지만, 이런 말에는 한 가지 위험
성이 내포해 있다. 가족 구성원인 아이의 역할이 오로지 공부 말고
는 없다는 메시지로 읽힐 수 있기 때문이다. 공부를 잘하지 못했을
때 아이는 자신의 역할을 해내지 못한 격이 된다. 이런 경험이 쌓
일수록 아이의 마음은 궁지에 몰려 본인을 '쓸모없는 사람'이라고
여기게 된다. 집안일은 아이가 손쉽게 가족 구성원으로 참여하는
하나의 통로이자 숨구멍이다. 작은 집안일에 참여하는 데서 시작
되는 생활 습관이 결국 학습에 대한 자신감으로 이어지게 되는 이
유다. 그렇다면, 아이들은 어떻게 집안일을 시작하면 좋을까?

놀이터에도 규칙이 필요하듯이 거실에도 규칙이 필요해!

○○○

어느 놀이터를 가든지 반드시 존재하는 한 가지가 있다. 그네?
미끄럼틀? 시소? 아니다. 바로 '안전 규칙'이다. 놀이터를 안전하게
이용하기 위해서 놀이터마다의 규칙이 있다. 이 규칙은 놀이터에
서 더 즐겁게 놀기 위해 꼭 숙지해야 한다. 집에서 아이들에게 놀
이터와 같은 공간이 거실이다. 그렇다면 거실에도 거실 놀이 규칙

이 필요하다. 아이들이 자신이 놀고 싶은 놀이를 선택했다면, 정리에 대한 책임을 지는 것도 놀이의 연장선이라는 걸 알려주어야 한다. 이것이 아이가 경험하는 첫 번째 집안일이 된다.

집안일에는 빨래, 설거지, 화장실 청소 등만 포함되지 않는다. 집안일이란 집을 꾸려가기 위해 하는 여러 가지 일을 뜻한다. 즉, 내가 살고 있는 공간을 건강하게 꾸미는 일이다. 그렇기에 아이가 거실에서 놀았던 장난감을 스스로 정리하는 건 집안일에 속한다. 아이가 하지 않으면 오롯이 엄마의 일이 되기 때문이다. 나는 아이들이 어렸을 때부터 집안일을 꾸준히 시켰다. 스스로 정리하고 싶지만, 방법을 모르기에 못하는 아이들이 많다. 그렇기에 아이에게 집안일을 부여하기 위해선, 어떤 식으로 해야 하는지를 알려주어야 한다. 우리 집에서는 크게 세 가지 규칙을 정하고, 모두의 서명을 받아 거실 칠판에 붙여두었다.

거실 규칙을 위한 세 가지 가이드 라인

∘∘∘

① 새로운 놀이를 하기 위해선 하던 놀이를 정리하기

아이들과 '1선택 1놀이'라는 규칙을 만들었다. 놀이도 아이에게 몰입의 경험이 된다. 그렇다면 앞에서 말했던 뇌의 전환비용효과를 놀이에도 적용해 볼 수 있다. 아이가 원하는 놀이를 모두 가져와 거실에 펼쳐두며 이것저것 돌아가며 노는 게 아니라, 한 가지 놀이를 선택했다면 그 놀이를 끝까지 이어갈 수 있도록 하는 것이다. 하나를 가지고 놀았다면, 정리를 끝내야지만 다른 놀이 하나를 가져올 수 있도록 했다.

② 장난감이 원래 있었던 곳에 정리하기

아이들은 놀이 정리는 후다닥 끝냈어도, 원래 있던 자리에 돌려 놓지 못하는 경우가 많다. 아이가 정리를 끝냈다고 해서 방에 들어가 보면, 정리한 보드게임이 바닥이나 책상 위에 아무렇게나 올려져 있는 경우가 많았다. 이때의 문제점은 나중에 다시 놀이하고자 할 때 물건이 어디에 있는지 찾기가 어렵다는 점이다. 원래 있던 자리에 보관하는 일까지가 정리라는 것을 알려줄 필요가 있다. 그러기 위해선 장난감이 구역별로 구성되어 있어야 한다. 제자리에 돌려두는 일이 아이에게 어려우면 안 되기 때문이다. 이 이야기는 4장 '아이방: 공부 동기가 생기는 시각 인테리어(186쪽)'에서 조금 더 심도 있게 다루고자 한다.

③ 정리가 어려울 땐 도움 요청하기

분명 아이가 혼자서 정리하기 어려운 날이 있다. 아이가 척척 정리를 해냈으면 하지만, 부모에게도 집안일이 유독 고된 날이 있듯이 아이도 마찬가지다. 아이의 컨디션에 따라서 잘 해내는 날도 있을 테지만, 하기 어려운 날도 존재한다. 이때 아이는 자신이 해야 하는 역할에 불만을 품고, 짜증도 내게 된다. 집안일이 하기 싫은 일이라고 생각하게 하지 않으려면 미리 도움 장치를 마련해야한다. 아이에게 "어려우면 엄마가 언제든지 도와줄게"라는 따스한 격려를 보내주자. 혼자서 하기 어려울 땐, 옆에서 도와주고 격려해주는 사람이 있다는 사실을 아이에게 알려주어야 한다.

이 세 가지 규칙을 통해 아이는 거실에서 차곡차곡 생활 습관을 쌓았다. 그리고 이런 장난감 정리의 기술은 자연스레 책상 정리로까지 이어졌다.

책상 정리하는 방법을 배울 수 있는 유일한 공간
○○○

학교에서 성실하고 공부 잘하는 아이들의 공통점은 '책상 정리'를 잘한다는 것이다. 모든 선생님이 입을 모아 말하는 책상 정리의 중요성은 자신이 사용하는 공간에 대한 애정에서 비롯된다. 그렇다고 책상 정리를 못 하는 아이들은 자신의 공간에 대한 애정이 없느냐 하면 그건 아니다. 어떻게 정리해야 할지 알려주는 사람이 없었고, 방법을 몰라 연습할 기회가 충분치 않았기 때문이다. 그렇기에 우리는 가정에서부터 아이들과 함께 연습해 봐야 한다. 어렸을 때부터 거실에서 정리력을 쌓았다면, 책상 정리 또한 스스로 해낼 수 있다. 아이들에게 책상 정리는 두 가지 방법으로 나눠서 알려줄 수 있다. 바로 청결과 점검이다.

① 청결: 물티슈(행주), 매직 블록, 미니 빗자루 이용하기

아이들이 책상에서 다양한 활동을 하는 동안 색연필, 사인펜, 연필, 지우개 가루 등이 남는다. 활동이 끝난 뒤에는 아이들이 책상을 점검할 수 있도록 했다. 이때 단순히 점검에서 끝나는 것이 아니라, 치우는 행동으로 이어질 수 있도록 방법도 함께 안내했다. 이때 사용한 도구 세 가지가 물티슈(행주), 매직 블록, 미니 빗자루다. 색연필, 사인펜, 연필 자국은 간단하게 물티슈 한 장이나 걸레 또는 행주로 지울 수 있다. 그런데 유독 지워지지 않는 얼룩이 묻기도 한다. 그때는 매직 블록에 물만 묻히면 그 어떤 얼룩도 손쉽게 지울 수 있다는 것을 알려주었다. 또한 지우개 가루는 개인별 미니 빗자루를 이용해서 스스로 쓸어 담게 했다. 자신이 사용하는 공간에 애정을 더하기 위해서는, 청결하게 유지해야 한다는 것을 어릴 때부터 알려주었다. 활동이 끝난 뒤 정리까지 이어지는 일련의 루틴을 잡아주는 것이 중요하다.

② 점검: 학용품 보관함 살피기

책상에서 자신이 좋아하는 활동을 하기 위해 필요한 다양한 학용품들이 있다. 앞서 학용품 보관법을 다룰 때 말했듯이, 우리 집에는 학용품을 구역별로 보관함에 나눠 보관한다. 구역별로 나뉘어 있으면 좋은 점이 한 가지 더 있다. 바로 학용품이 닳는 속도를 손쉽게 체크할 수 있다는 것이다. 특히 연필 같은 경우에는 심이 닳는 속도가 빠르다. 그렇기에 학용품을 정리하고 제자리에 보관

하는 것을 넘어, 학용품의 상태를 점검하는 것까지 아이에게 연습시켜야 한다. 연필이 닳았다면 연필깎이를 가져와서 스스로 깎아 보는 기회를 주었다. 색연필이나 사인펜 같은 경우도 자주 써서 금방 닳는 색을 점검할 수 있게 했다.

하던 놀이를 정리하는 것에서부터 시작한 집안일이 자신의 책상 하나를 책임지는 일까지 이어질 수 있다. 가족 구성원으로서 소속감을 느끼고, 자신에게 필요하고 중요한 일을 하기 위해 공간을 정돈하며 자신감을 쌓는다. 집안일을 단순히 집안일로 여길 것이 아니라, 성공으로 가는 습관으로 여겨야 하는 이유다.

세 가지 거실 규칙을 담은 가족 행동 서명

'우리 집 거실 규칙 세 가지'

1. 새로운 놀이가 하고 싶을 땐, 하던 놀이 정리하기

2. 장난감은 원래 있던 자리를 찾아 정리하기

3. 정리가 어려울 땐 언제든지 도움 요청하기

임가은 (인)   장현권 (인)   장하준 (인)   장하율 (인)

고사리 같은 손으로 한
인생의 첫 서명

집안일의 주체가 되는 일은 성공적이고 행복한 인간으로 성장하는 데
중요한 역할을 한다. 집안일의 범위와 규칙을 정하고 이를 실천하기로
약속하는 데서 가족 구성원으로서의 책임감을 느끼는 동시에 소속감
도 함께 가질 수 있다. 이는 가족 구성원끼리의 신뢰감이 돈독히 쌓이
는 계기가 된다.

Part 2. 거실 공부: 거실에서 한 번 더 도전하는 아이들

Chapter. 6

두 명의 지원군이 좌우하는
아이의 거실 공부

'아이를 공부하게 하는 비결.'

이 문구 하나에 우리는 속을 걸 알면서도 구매 버튼을 클릭한다. 집으로는 아이를 공부하게 만드는 비결이라 꼽히는 다양한 교구, 문제집, 책 등이 배송된다. 하지만 여전히 아이는 공부하지 않는다. '역시 이것도 아니네'라는 실망감과 함께 다시 한 번 기대를 안고 다른 구매 버튼을 클릭한다. 아이를 키우고 있다면 누구나 한 번쯤은 경험해 보았을 일이라 생각한다. 그렇다면 정말 무엇이 내 아이의 공부 의욕을 끌어올릴까? 아이가 스스로 거실 책상을 찾아오게 만드는 두 명의 지원군에 대해 알아보자.

첫 번째 지원군: 학습 동기

∘∘∘

미국의 조직행동전문가 칩 히스(Chip Heath)와 댄 히스(Dan Heath) 형제가 쓴《스위치》에는 사람을 움직이게 만드는 다양한 조건들이 나온다. 책에는 기수와 코끼리 예시가 등장하는데, 기수는 이성이고 코끼리는 감성이다. 기수가 오른쪽으로 가자고 아무리 이야기해도, 크고 게으른 코끼리가 발을 움직이지 않으면 기수가 원하는 방향으로 갈 수 없다. 우리는 일상생활에서도 이런 순간을 많이 만난다. 다음 날 일찍 기상해서 책 한 쪽을 읽으려고 했지만, 여전히 이불 속에서 헤어 나오지 못하는 이유가 그것이다. 하면 좋은 걸 알지만, 직접 행동으로 옮길 만큼의 동기가 부족하기 때문이다.

아이들도 마찬가지다. 공부하고 싶은 마음이 없다기보다, 공부를 실제 행동으로 옮길 만큼의 동기가 부족하다. 자신이 하고 싶은 목표가 명확하여 처음부터 동기를 가지고 학습에 임하는 아이들이 얼마나 될까? 당연히 많지 않다. 동기를 꽉 채운 10부터 시작한다고 생각하면 엄마도 아이도 어렵다. 우리가 매일의 작은 성취를 쌓은 경험으로 큰 성취감을 얻는 방법을 깨닫게 되듯이, 동기 역시 마찬가지다. 매일의 작은 동기를 깨우는 것부터 시작하여, 아이 안에 잠든 코끼리를 움직이게 하는 내재적 동기를 키우는 방향으로 나아가야 한다. 그렇다면 아이 안의 작은 동기는 어떻게 깨워줘야 할까?

동기의 사전적 의미를 살펴보면 '어떤 일이나 행동을 일으키게 하는 계기'이다. 아이에게 이 계기가 되는 것이 바로 '흥미'다. 아이는 자신의 흥미가 맞닿아 있는 것에서부터 동기를 일깨운다. 아이의 흥미는 평상시 아이가 남긴 흔적들을 잘 관찰하는 것에서부터 찾을 수 있다. 아이가 남긴 흔적이란, 아이가 엄마에게 하는 말, 아이가 하는 놀이 등에서 자연스럽게 발견할 수 있다. 하루는 아이가 유치원에서 이순신 장군에 대해 배워온 날이었다. 이순신 장군에 관한 이야기를 저녁 식탁에서 반복적으로 하는 아이를 보며, 흥미가 생겼다는 걸 느낄 수 있었다. 아이와 함께 도서관에 가서 이순신 장군에 관한 책을 빌려 자세히 알아보았고, 놀이 역시 이순신 장군과 관련된 것으로 확장했다. 빨대 블록 교구로 거북선을 만들고, 찰흙으로 화포와 총탄을 만들었다. 책과 놀이로 켜진 흥미의 버튼은 나아가 이순신 장군과 전쟁했던 일본이라는 나라에 대한 궁금증으로, 세계 지리에 대한 흥미로도 연계가 되었다. 이순신 장군에 대한 흥미로 시작했던 궁금증이, 다른 배움으로까지 자연스레 이어졌다. 그리고 이걸 알고 싶다는 작은 동기가 아이를 매일 거실 책상으로 오게 했다.

두 번째 지원군: 본인의 선택

° ° °

로체스터대학의 심리학과 교수인 에드워드 데시(Edward Deci)

는 자기 결정성 이론을 설명하며 "인간의 동기는 자신의 의지로 행동을 결정하는가에 달려 있다"라고 말했다. 자기 결정성 이론의 핵심은 스스로 결정한다는 데 있다는 것이다. 이는 자율성 욕구에 관한 것이다.

자율성이 실제 행동에 어떤 영향을 미치는지에 대한 사례는 구글의 20퍼센트 타임제에서 살펴볼 수 있다. 20퍼센트 타임제란, 구글의 모든 직원이 근무 시간 중에 자신이 원하는 일을 하기 위해 20퍼센트의 시간을 쓸 수 있는 제도다. 우리가 흔히 하는 기존의 업무 방식은 주어진 일을 하는 수동성이 강하다. 하지만 구글의 20퍼센트 타임제는 업무 중에 자신에게 의미 있는 일을 탐험할 수 있는 능동성을 부여한다. 이 제도를 통해 오늘날 구글을 대표하는 많은 서비스가 탄생했다. 밤하늘의 수많은 별자리와 성운을 고해상도로 볼 수 있는 구글 스카이, 전 세계 어떤 건물이든 사진으로 직접 볼 수 있는 구글 맵스 등이다. 구글은 왜 20퍼센트 타임제를 실시했을까?

나의 의지로 행동을 선택하는 게 아니라면, 동기가 약해질 수밖에 없다는 걸 알았기 때문이다. 회사의 경영진 입장에서 업무 시간에 직원 개개인에게 의미 있는 일, 소위 말하는 딴짓에 20퍼센트의 시간을 허용한다는 것은 비효율적이라 여겨질 수 있다. 하지만 일의 능률을 올리기 위해서는 그 시간이 필요하다는 것을 구글은 심리학적으로 이해했다. 인간을 움직이는 본질에 대해 생각한 것이다. 적어도 하루의 20퍼센트의 시간 동안 개인의 선택권이 보장되었을 때, 일의 능률이 오름과 동시에 개인의 창의성도 신장되었다. 딴짓인 것 같았지만, 실은 업무와 무관하지 않은 딴짓이었던 셈이다. 보장된 선택권에서 나오는 동기가 반짝이는 개인의 아이디어와 결합되어 지금의 구글을 만들었다.

그렇다면 우리 아이들에게 어떻게 선택권을 줄 수 있을까? 구글 역시 근무 시간 내에 20퍼센트 타임제를 운영했듯이, 아이들에게도 공부 시간 내에 선택권을 줄 수 있다. 공부 자체는 하는 것과 안 하는 것의 선택에 들어가지 않는다. 아이들이 공부 안에서 할 수 있는 두 가지의 능동적인 선택은, 문제집과 공부 시간이다. 문제집도 스스로 골라 본 경험이 있는 아이가 자신에게 필요한 문제집을 선택할 능력을 기를 수 있다. 엄마가 골라준 문제집이 매번 실패하는 가장 큰 이유는, 그 안에는 아이의 선택권이 반영되지 않았기 때문이다. 나는 아이와 함께 자주 서점에 가서 문제집을 살펴본다. 아이가 고르는 문제집을 살펴보면 보통 자신이 좋아하는 '포켓몬', '캐치! 티니핑', '터닝 메카드' 등의 캐릭터가 들어가 있다. 엄마는 캐릭터가 그려져 있으면 학습 내용이 부실할 거란 생각을 하는데, 문제집을 자세히 살펴보면 그렇지 않다.

"이 문제집은 별로인 것 같은데, 다른 거 사자"라고 말하는 순간, 아이는 해보고자 했던 마음에 찬물이 끼얹어지는 경험을 한다. 아이가 문제집을 선택했다면 그 한 권을 스스로 풀어보게 하는 기회를 주고, 한 권을 모두 끝내보는 경험을 하게 해야 한다. 그 작은 선택이 아이를 책상 앞에 앉게 한다. 아이가 흥미로워할 것 같은 문제집을 발견했다면, 구매 전 아이에게 물어보는 것도 좋은 방법이다. 첫째 하준이가 곤충에 관한 관심이 높을 때, 그와 관련된 좋은 수학 문제집 하나를 발견했다. 아이에게 검색한 문제집을 소개하고, 어떠냐고 물어보았을 때 아이는 해보고 싶다고 대답했다. 그 문제집은 아이가 자발적으로 새벽 기상을 해서 매일 풀고 싶을 만큼 공부하는 즐거움을 느끼게 해주었다.

문제집 선택권 이외의 또 다른 선택권 하나는 공부 시간이다. 우리 집에선 타이머를 다양하게 활용한다. 아침밥을 먹을 때 필요한 시간, 등교 준비를 할 때 필요한 시간 등 본인이 주체가 되는 일에는 스스로 시간을 정해두고 행동한다. 공부 역시 마찬가지다. 수학 문제집 20분, 책 읽기 20분, 보드게임 30분 등 본인이 주체가 되는 공부나 놀이 역시 시간을 정해서 행동하고 있다. 시간을 스스로 선택하면 좋은 점은, 시간 운용에 관한 고민을 하게 된다는 것이다. 선택한 시간 안에 문제를 해결하기 위해 집중해야 하는 것을 아이가 경험적으로 깨달아 갈 수 있다. 한 가지 유의할 점은, 아이가 시간을 스스로 선택했다면 부모에게 도움을 요청하기 전까지 그 시간은 온전히 아이가 쓰도록 해야 한다는 것이다.

이처럼 아이의 거실 공부 뒤에는 동기와 선택이라는 든든한 지원군이 있어야 한다. 우리는 스스로 하고 싶은 아이에게, 스스로 할 수 있는 방법을 제시해 주는 사람이다. 아이 안에 있는 거대한 코끼리 하나를 움직이기 위해서는 내재적 동기가 필요하다는 사실을 인식하고, 그 동기를 이끌기 위해 선택권을 줘야 한다는 것을 알면 아이에게 알맞은 환경을 구성하여 제공할 수가 있다.

Chapter. 7

물리적이고 심리적인
환경의 교집합

"인간의 행동은 인간을 둘러싼 물리적이고 심리적인 환경에 영향을 받는다." 현대심리학의 선구자인 커트 르윈(Kurt Lewin)이 한 말이다. 우리의 행동은 개인의 자발적인 영역이지만, 물리적이고 심리적인 환경에 따라 자발성에 더욱 힘을 불어넣을 수 있다고 한다. 이는 공부에도 그대로 적용해 볼 수 있다. 공부라는 개인의 강력한 주체성이 작용하는 영역에 대해 부모가 줄 수 있는 유일한 도움은 물리적이고 심리적인 환경을 조성하는 것이다. 이런 물리적이고 심리적인 환경이 교집합처럼 만나는 집 안의 공간이 있다. 바로 거실이다. 그렇다면 우리는 아이에게 어떤 물리적인 도움과 심리적인 도움을 줄 수 있을까?

① 물리적 환경: 가족 루틴으로 가족문화 만들기

○○○

루틴의 사전적 정의를 살펴보면, '규칙으로 하는 일의 정해진 순서' 또는 '일상적인 일, 보통' 등을 의미한다. 즉, 매일 하는 일상적인 일들의 규칙을 정해주는 일이 루틴이다. 루틴이 중요한 것을 모르는 것도 아닌데 매번 루틴을 만드는 데 실패하는 이유가 뭘까? 물리적 환경에 대한 접근이 잘못되었기 때문이다. 아이만 루틴을 만들어 가는 환경에선 실패 확률이 높을 수밖에 없다. 아이가 루틴을 지키도록 하기 위해선 온 가족의 참여가 필요하다.

현재 내가 운영하고 있는 '우리 아이 자기주도 습관 잡기 프로젝트'의 이름은 '반해가'이다. '반드시 해내는 우리 가족'의 줄임말이며, 엄마와 아이가 함께 반해간다는 뜻도 담고 있다. 아이의 자기주도 습관을 바로 잡기 위한 프로젝트에 '우리 가족'이라는 단어를 함께 넣은 이유는 무엇일까? 아이의 자기주도 습관을 바로 잡기 위해선 가족이 함께 참여해야 하기 때문이다. 프로젝트를 신청한 부모들은 6주 동안 '관계, 습관, 학습' 세 카테고리를 2주씩 유기적으로 연결하는 작업을 한다. 습관 파트를 진행할 때에는 아이와 체크리스트를 작성하며 엄마의 체크리스트도 함께 작성하라는 미션을 준다. 생각보다 많은 엄마가 자신의 체크리스트를 작성하는 걸 어려워한다. '어떤 걸 써야 할지 모르겠어요'라는 반응이 대부분이다. 내가 아이뿐 아니라 엄마의 습관 리스트를 강조하는 이유는, 습관을 잡는 일이 '가족문화'가 되길 바라는 마음에서였다. 아이 역시 루틴을 지키고자 하는 엄마의 모습을 지켜본다. 그때 아이의 마음에 '아, 습관을 잡는 일은 온 가족이 해야 할 만큼 중요한 일이구나'라는 생각이 심어진다.

한 가족의 일화를 소개하고 싶다. 하루는 엄마의 체크리스트에 × 표시가 많은 걸 아이가 보더니, 엄마에게 그림과 함께 편지를 써주었다고 한다. 편지 내용은 이렇다.

"엄마, 다 하지 못하는 날이 있어도 괜찮아. 내가 응원할게!"

물리적 환경 조성이란 이런 게 아닐까 싶다. 아이의 루틴을 만들어 주기 위해, 부모가 참여하는 것만큼 강력한 방법은 없다. 6주의 프로젝트가 끝나면 많은 엄마가 공통으로 하는 말이 있다.

"제가 직접 해보니까 체크리스트를 지키는 일이 얼마나 어려운지 알겠어요."

"체크리스트를 지키다 보니 제가 변했어요."

"보이지 않던 아이 마음이 보여요. 아이가 애쓰고 있다는 게 느껴져요."

엄마도 아이와 함께 참여했기 때문에 느낄 수 있는 마음이었다. 이처럼 물리적 환경의 핵심 키워드는 '함께'임을 기억하자.

② 심리적 환경: 기소불욕 물시어인

∘∘∘

'심리적'이란 마음의 작용과 의식상태에 관련된 일이다. 가족 루틴을 통해 물리적 환경으로 조성했다면, 심리적 환경은 어떻게 만들면 좋을까? 우리는 이런 말을 자주 듣는다. "아이가 책을 읽게 하고 싶다면, 옆에서 엄마가 먼저 책을 읽으세요." 말은 쉽지만, 행동으로 이어지기까진 참 어렵다. 그때마다 나는 공자의 가르침을 묶어 놓은 논어의 한 구절을 생각해 본다.

己所不欲 勿施於人(기소불욕 물시어인)
: 내가 하고자 하지 않는 바를 남에게 베풀지 말라

부모 역시 마찬가지다. 내가 하지 않으면서 아이에게 원하면 안된다. 이 말을 바꿔서 생각해 보면 다음과 같다. 내가 아이에게 원하는 게 있다면 내가 먼저 시작해 보는 것이다. 나 역시 이렇게 생각의 방향을 전환하는 것만으로도, 나도 아이도 심리적으로 안정되는 것을 느꼈다. '내가 원하는 것이 있다면 나부터 시작해야지'라는 마음은 아이에 대한 막연한 기대감을 내려놓게 했다. 그렇게 내가 시작한 것은 새벽 기상이었다.

내가 새벽 기상을 한 이유는 순전히 공부하기 위해서였다. 공부라고 해서 거창한 게 아니라, 내가 세상을 살아가는 데 조금 더 자신감을 얻기 위한 '영어 공부, 책 읽기, 글쓰기, 운동' 등을 하기 위한 시간이었다. 새벽에 차곡차곡 나만의 겹들이 쌓일수록, 하나의 단단한 토지가 되었다. 무엇보다 새벽에 일찍 일어나 공부하는 엄마를 본 아이들이 자연스레 엄마 옆에 앉아 함께 책을 읽는 날들이 늘었다.

이 시간을 통해 내가 깨달은 것이 하나 있다면, 공부하는 엄마를 본 아이들이 공부하는 아이가 된다는 것이다. 나 역시 아이에게 원하는 것이 있다면, 엄마가 먼저 시작하는 것이 아이를 채근하는 것보다 빠른 방법이라는 걸 수년간의 경험을 통해 느꼈다. 나뿐만이 아니라 함께 프로젝트를 하는 엄마들 역시 같은 깨달음을 얻었다. 나는 바로 이 지점이 부모가 만들어 줄 수 있는 단단한 심리적 환경이라 생각한다. 엄마의 생각을 강요하지 않는 것, 아이에게 원하는 게 있다면 엄마가 직접 행동을 보이는 것. 이런 신념이 채워진 거실 공간에선 아이가 공부하기 위해 자발적 새벽 기상을 시작한다. 편안하고, 자연스럽게.

거실은 물리적 환경과 심리적 환경이 교차하는 공간이다. 물리적 환경과 심리적 환경의 교집합에는 함께라는 말이 위치한다. 거실은 아이 홀로 성장해 가는 곳이 아니라, 부모와 아이가 함께 성장하는 곳이다. 그렇기에 지구상에 있는 어느 공간보다 유일하고 특별하다. 물리적 환경과 심리적 환경을 조성하는 일에는 큰돈이 들지 않는다. 오늘 작은 것부터 실천해 보려는 우리의 마음만이 필요할 뿐이다.

Part. 3

거실 대화:
거실에서 다시
일어나는 아이들

Chapter. 1

아이의 세계를 확장하는
단 하나의 방법

"내 언어의 한계는 내 세계의 한계다."

철학자 루트비히 비트겐슈타인(Ludwig Josef Johann Wittgenstein)의 말이다. 나는 이 말을 살면서 두 번 접했다. 첫 번째는 영어 공부를 하면서이고, 두 번째는 글을 쓰면서이다. 모국어가 아닌 제2외국어를 배우는 일도 나의 작은 세계를 한 번 허물고 다른 세계로 발을 딛는 첫걸음이었다. 그런데 글을 쓰면서 만난 언어의 세계는 나의 삶을 이전과는 다른 방식으로 작동하게 했다. 새로운 개념을 끊임없이 학습하지 않으면, 그간 알고 있던 언어로만 나의 세계를 단편적으로 규정하게 된다는 사실을 깨달았다. 이처럼 언어란 나아가 한 사람의 정체성을 만든다. 아이들의 언어 또한 마찬가지다.

짧은 인터넷 용어만 쓰는 아이의 세계는 오직 그곳에 머물러 있다. 아이가 더 풍요로운 삶을 위한 공간으로 건너오게 하기 위해서는 "게임 좀 그만해라"라는 말보다 더 실질적인 방법이 필요하다. 그게 무엇일까? 우리가 매일 먹는 밥상에서 이루어지는 가족과의 식탁 대화다. 어떻게 식탁 대화가 아이의 언어를 키우는 일일까?

하버드대학과 콜롬비아대학의 연구가 말해주는
식탁 대화의 중요성

000

2006년 하버드대학 교육학과 캐서린 스노우 교수(Catherine Snow) 연구팀은 식탁 대화 교육이 아이들의 언어발달을 돕는다는 연구 결과를 발표했다. 부모가 중상층인지 저소득층인지, 독서를 많이 했는지 등과 상관없이 '가족 식사의 횟수'가 영향을 미쳤다는 당시의 연구 결과는 무척 흥미로웠다. 만 3세 아이가 책을 통해 배우는 단어는 140개인 반면 가족 식사를 통해 배우는 단어는 1,000개라는 연구 결과도 나왔다. 아이의 언어능력을 향상할 방법으로 식탁 대화가 독서보다 더 효과적인 방법이라는 뜻이다. 가족 식탁 대화를 통해 아이들은 부모의 살아있는 말을 들으며 여러 어휘를 배우게 된다. 이는 책보다 더 직접적이고 실제적인 학습이다. 그런데 가족 식탁 대화가 영유아에게만 효과가 있냐고 묻는다면, 대답은 '그렇지 않다'이다.

2011년 미국 콜롬비아대학 약물 오남용 예방센터 카사(CASA)의 연구에 의하면 가족과 식사를 자주 하지 않는 청소년은 가족과 자주 식사하는 청소년에 비해서 흡연 비율이 4배, 음주율은 2배, 약물 사용 비율은 2.5배가 높았다. 연구 결과에 의하면 가족과 함께 식사하면 아이들이 정서적으로 안정되어 흡연이나 음주, 약물 남용, 우울증 등 부적응 행동도 줄여주는 효과가 있다고 한다. 이처럼 식탁 대화는 영유아기뿐 아니라 청소년기까지 지속적인 영향을 미친다. 아이의 영유아기에는 식탁 대화를 하지 않다가 아이가 청소년이 되어서 식탁 대화를 시작하는 것도 물론 의미가 있다. 하지만 문제는 그 시작이 쉽지 않다는 것이다. 그렇기에 식탁 대화는 아이가 어릴 때부터 시작하기를 권한다. 쉽게 시작할 수 있고, 그 효과가 청소년기까지 긍정적으로 이어질 수 있기 때문이다. 막상 시작하려고 하면 어려운 식탁 대화, 어떻게 시작하면 좋을까?

가족 식탁 대화를 돕는 효과적인 방법 세 가지

° ° °

① 가방 정리로 시작하는 식탁 대화

가족 식탁 대화가 어려운 큰 이유 중 하나는 무슨 말을 해야 할지 몰라서이다. 부모가 아이에게 늘 궁금해하는 세 가지가 있다. 오늘 뭐 먹었는지, 누구랑 놀았는지, 뭘 배웠는지다. 그런데 아이는 엄마만큼 이 질문이 본인에게 중요하다고 생각하지 않는다. 잘 먹고, 잘 놀고, 열심히 배웠는데도 돌아오는 대답은 "모르겠어"이다. 아이의 모르겠다는 말에 말문이 막혀서 식탁 대화가 더 이뤄지지 않는 가정이 많다. 이는 아이가 말을 하기 싫어하기 때문이 아니라, 자신에게 크게 중요하지 않다고 생각되는 말을 기억 속에서 꺼내야 하기 때문이다. 이 문제는 아이가 스스로 가방 정리를 하게 하면 손쉽게 해결된다. 기관이나 학교에 다니는 아이는 가방 안에 부모가 궁금해하는 세 가지 대답을 담아오기 때문이다. 아이에게 직접 가방 정리를 하게 하면 그날 가져온 식단표나 알림장 등을 통해 뭘 먹었는지, 누구와 놀았는지, 무엇을 배웠는지 간단하게라도 확인하게 된다. 그때 아이가 말한 내용을 식탁으로 끌어오기만 하면 된다.

② 식사를 하기 전부터 시작되는 식탁 대화

가족 식탁 대화는 밥을 먹는 동안에만 하는 것이 아니다. 진정한 가족 식탁 대화가 이뤄지기 위해서는, 밥을 먹기 전부터 아이를 식사 행위에 참여시켜야 한다. 밥을 먹기 전에 해야 하는 일들을 생각해 보면 답이 나온다. 수저 챙기기, 식탁 닦기, 식탁 위에 있는 물건 정리하기, 식기 가져오기 등이다. 이를 수행하기 위해서는 가족 식사 규칙을 정해야 한다. 우리 집에서는 '본인의 수저는 스스로 챙겨오기, 식탁 위에 있는 자신의 물건 치우기, 각자의 식기는 스스로 가져오기, 컵에 마실 물 떠오기'를 규칙으로 정했다. 식사를 시작하기 전부터 아이들은 주방에서 수저와 식기를 챙겨 각자의 자리에 놓는다. 이때부터 소소한 작은 대화들이 시작된다. 먹을 음식에 대한 기대부터 본인이 좋아하는 식기 색깔에 관한 이야기까지 자연스레 대화가 시작된다.

③ 가족 식사의 날을 정해 고정적인 가족문화 만들기

아이들과 매일 식사를 함께할 수 있다면 당연히 좋겠지만 가정마다 그럴 수 없는 사정들이 존재할 것이다. 이때 중요한 건 아이에게 식탁 대화는 고정적으로 이뤄진다는 인식을 심어주는 것이다. 어떤 때는 하고, 어떤 때는 하지 않는 것이 아니라 식탁 대화가 가족의 중요한 문화 중 하나라는 것을 알려주어야 한다. 그러기 위해서는 가족 식사의 날을 정하는 게 좋은 방법이 된다. 보통 평일은 아이들도 부모도 바쁘기에 식사 시간을 함께 맞추기가 쉽지 않다. 그렇다면 토요일 저녁, 일요일 저녁 등 서로가 시간을 내서 반드시 맞춰야 하는 가족 식사의 날을 정해보자. 가족 식사의 날을 고정적으로 정하게 되면, 서로가 미리 시간을 조정할 수 있다. 토요일 저녁만은 가족 식사를 위해 어떤 약속이든 잡지 않는 것이다. 부모가 가족 식사의 날을 지키기 위해서 노력하는 모습을 보이면, 자녀 또한 자연스레 노력하게 된다.

식탁 대화를 통해 아이들은 세상을 처음으로 경험한다. 가족과의 대화를 통해 관계를 맺는 법과 문제를 해결하는 법을 동시에 배운다. 식탁 위에서 나눌 이야기는 무궁무진하다. 경제 개념, 교우 관계, 고통을 대하는 법 등 다양한 주제들이 식탁 위로 올려진다. 거실이 아이들에게 진정으로 편안한 공간이 되기 위해서는 심리적으로 안정된 공간이 되어야 한다. 그 시작은 대화에서부터 비롯된다. 3장에서는 아이들과 거실에서 나눈 대화를 통해 아이가 어떻게 자신의 세상을 확장하고, 방향을 잡는지에 대한 안내를 담았다.

Chapter. 2

살 수 없는 캠핑카를 갖고 싶다는
아이에게

"엄마! 친구네 집은 60평이래!"

나는 출퇴근 시간마다 20분씩 강연 하나를 듣는데, 그날 들은 강연은 아이에게 경제 개념을 심어주는 방법에 관한 것이었다. 강연에 소개된 사연은 아이가 친구네 집에 놀러 갔다가 친구네 집 평수를 알게 되었다는 이야기였다. 아이가 사는 집은 20평대였다. 돌아온 엄마의 대답은 "집이 그렇게 넓어봤자 청소만 힘들어!"였다고 한다. 우리가 생각보다 많이 하는 실수다. 아이는 우리 집이 좁아서 싫다는 말이 아니었는데, 엄마는 행여나 아이가 본인이 가지지 못한 것에 속상한 마음이 들까 지레짐작하여 말한 것이다. 상대방이 가진 걸 깎아내리는 순간, 아이가 가졌던 순수한 관심이나 욕망은 다른 마음으로 가려져 버린다. 문제는 아이는 그런 엄마의 대답을 듣고 의아한 마음을 품는다는 것이다. '이런 말을 하면 안되는구나'라는 걸 본능적으로 느끼며 자신의 솔직한 욕망을 숨기게 된다고 한다. 그렇다면 좋은 대답은 무엇일까? 생각보다 간단하다. "와, 친구 집이 그렇게 좋았구나!" 하고 호응해 주거나, 아이가 그런 집으로 이사 가고 싶다고 했을 때 솔직하게 이야기를 나눠보는 것이었다. 얼마 지나지 않아 우리 집에도 '60평대'와 같은 질문거리 하나가 던져졌다.

식탁 대화는 경제 개념을 심어주는 첫 단추

°°°

"엄마. 우리도 캠핑카 사면 안 돼?"

어느 날, 저녁 식사를 하던 중 하준이가 식탁에서 말했다. 친구네 집에 캠핑카가 있는데 좋다는 말을 들었다고 했다. 이 말을 듣고 처음 들었던 생각은 '그게 얼마나 비싼데!'였고, 다음으로 '그렇게 비싼 걸 바라는 아이에게 사줄 수 없는' 불편한 마음이 따라왔다. 하지만 그건 순전히 내 감정이다. 아이의 감정은 나의 것과 다를 수 있다. 하준이는 캠핑카에 대한 순수한 욕망이 생겼다. 그렇다면 대화가 더 활발하게 일어날 수 있다는 신호다. 캠핑카를 사고싶은 이유와 캠핑카를 구매할 수 있는 실질적인 방법에 대한 식탁 가족회의를 열었다.

두려움이라는 것은 잘 모를 때 일어난다. 아이의 진짜 생각이 무엇인지, 아이가 가진 마음이 무엇인지 잘 모르기에 대화가 두렵다. 그 안에서 행여 부정적인 이야기가 나오지 않을까, 내가 지금 당장 해줄 수 없는 걸 원하지 않을까 먼저 걱정하기에 아이와의 대화가 어려운 것이다. 나는 그럴 때일수록 솔직하게 대화해야 하는 시점이라 생각한다. 부모가 쉽게 구매할 수 없는 캠핑카 같은 문제가 그렇다. "그 비싼 걸 어떻게 사!"라는 말로 무시할 것이 아니라, '비싸기에 따져봐야 하는 실질적인 문제'를 아이와 함께 이야기 나눠야 한다. 바로 이런 식탁 대화를 통해 아이의 경제 개념이 자라날 수 있다.

하준이가 캠핑카를 사고 싶었던 이유는 다음과 같았다. 첫 번째, 여행을 갈 때 안전벨트를 안 할 수 있다. 여행을 갈 때 오랜 시간 안전벨트를 하고 가야 하는 게 답답하다고 했다. 캠핑카를 타면 그 안에서 마음껏 놀면서 갈 수 있지 않냐는 대답이었다. 두 번째, 원하는 어디에서든 잘 수 있다. 캠핑카가 있으면 여행을 가고 싶을 때 언제든지 떠날 수 있고, 잠도 그곳에서 잘 수 있으니 편리하다는 대답이었다. 하준이는 캠핑카를 구매하고 싶은 자신만의 생각이 있었고, 부모로서도 충분히 공감할 수 있는 부분이었다. 그렇다면 구매 전 살펴봐야 하는 사실적인 부분에 관해서도 이야기를 나눠볼 차례였다.

경제 개념의 핵심은 내 용돈의 가치를 아는 것에서부터

투자자인 찰리 멍거(Charles Munger)는 "나는 처음부터 부자가 되려고 했던 것은 아니다. 그저 독립성을 갖고 싶었다"라는 멋진 말을 남겼다. 내가 생각하는 아이 경제 개념의 핵심은 이처럼 '독립성'에 있다. 독립성이란, 가진 돈으로 내가 쓰고 싶은 시간, 내가 있고 싶은 장소, 내가 함께 있고 싶은 사람 이 세 가지를 선택하는 힘이라고 생각한다. 아이가 이런 독립성을 가지기 위해선 무엇부터 시작해야 할까? 어렸을 때부터 경제에 관한 이야기를 자주 나눠보는 경험이 쌓여야 한다. 그렇기에 아이가 캠핑카를 사고 싶다는 욕망을 가진 것은 이러한 독립성을 키울 수 있는 씨앗이 된다. 사줄 수 없다고 피할 것이 아니라, 사고 싶다면 해야 하는 일을 알려줄 수 있는 귀중한 배움의 기회로 활용할 수 있다.

하준이가 캠핑카를 가지고 싶은 두 가지 이유를 이야기한 후에 우리는 아이가 오해하고 있는 부분, 함께 전략을 세워야 하는 부분에 관해 대화를 나눴다. 첫 번째로, 캠핑카를 타고 다니면 안전벨트를 안 해도 된다는 생각을 바로잡아 줬다. 캠핑카 역시 차의 한 종류이기에 도로를 달리고 있다면, 교통 법규에 따라 안전벨트를 한 채 착석해야 한다고 말이다. 캠핑카 안에서 제약 없이 마음껏 뛰어도 된다고 생각한 아이는 사뭇 놀란 표정을 지었다. 캠핑카의 큰 장점이라 생각했던 것이 없어졌기 때문이다. 두 번째, 원하는 어디든 갈 수 있는 부분에 관해선 전적으로 동의했다. 엄마 역시 캠핑카를 산다면 하준이가 생각하는 똑같은 이유로 구매하고 싶다고 솔직하게 말했다. 캠핑카에서 아름다운 산이나 바다의 풍경을 보면서 깨어나면 정말 좋을 것 같다는 이야기도 전했다. 아이는 순간적으로 눈을 반짝거리며 말했다.

"엄마! 그럼 우리 캠핑카 살까?"

이제 전략을 짜야 할 순간이었다.

아이에게 캠핑카가 아주 비싸다는 말 대신 실제적인 금액을 말해주었다. 적게는 5,000만 원에서, 많게는 1억까지도 들 수 있다고 말했다. 그게 어느 정도의 금액인지 가늠할 수 있도록 아이에게 용돈 저금통을 가지고 오라고 했다. 당시에 아이는 5만 원 정도의 용돈을 가지고 있었는데, 5,000만 원을 만들기 위해서는 5만 원이 1,000장이 있어야 한다고 말했다. 1억이 되기 위해서는 2,000장이 있어야 한다고 말해주었다. 아이는 '헉' 하는 소리를 냈다. 아이들은 하루 계획표를 완수하고 나면 나에게 100원을 받는다. 그렇게 하나둘씩 최선을 다해 모은 용돈이기에, 캠핑카가 얼마나 비싼 금액인지를 바로 체감했다. 엄마와 아빠가 현재 실질적으로 캠핑카를 구매하기 위해 가용할 수 있는 돈도 함께 말해주었다. 그런데 캠핑카는 가족의 것이니 엄마 아빠의 돈만으로는 살 수 없다고 했다. 엄마 아빠도 돈을 모으기 위해 노력할 테지만, 하준이와 하윤이의 도움도 필요하다고 말했다. 하준이는 자신이 용돈을 열심히 모아서, 200만 원을 보태겠다고 말했다. 하윤이 역시 용돈을 모아서, 100만 원을 보태겠다고 했다. 그날 우리는 "돈을 열심히 모아

보자!"라는 구호를 외치고 식탁 회의를 마쳤다. 캠핑카를 사는 것이 비싸서 피해야 하는 일이 아닌, 가족 공동의 목표가 된 것이다.

이처럼 아이가 일상에서 들고 오는 관심이 식탁 위에 올려졌을 때 가장 훌륭한 배움의 도구가 된다. 다음 날 식탁에서는 돈을 어떻게 하면 잘 모을 수 있을지에 대한 이야기를 추가적으로 나눴다. 캠핑카가 사고 싶다는 아이의 말에서 뻗어 나올 수 있는 질문의 가짓수는 무궁무진하다. 아이는 부모와 이러한 식탁 대화를 나누며 단순히 사고 싶다는 욕구를 갖는 데서 멈추지 않고, 사고 싶다면 이유는 무엇이고 어떤 계획을 수립해야 하는지까지 생각을 확장할 수 있다. 이는 아이가 앞으로 삶을 건강하게 살아가기 위한 넓은 시야를 갖는 출발이 된다.

Chapter. 3

결핍이 동기로 바뀌는
결정적인 순간

"엄마. 우리 반에서 나만 그 패딩이 없어."

몇 년 전, 등골 브레이커라 불렸던 유명한 패딩 하나가 있다. 100만 원이 넘어가는 고가임에도 불구하고 10대 사이에 교복이라고 불릴 정도로 선풍적인 인기를 끌었던 패딩이다. 부모는 '남들은 다 있는데'라는 마음으로, 아이가 또래들 사이에서 기죽지 않았으면 하는 마음으로, 열리지 않는 지갑을 열었다. 그런데 이런 소비가 비단 패딩뿐일까? 요즘은 교복 패딩뿐만이 아니라, 영어유치원(유아영어학원), 교구, 전집 등을 비롯하여 아이가 꼭 풀어야 하는 문제집도 넘쳐난다. 우리가 이런 '교복'이란 수식어가 붙은 것들에 값을 지불하는 진짜 이유는 뭘까? '결핍에 대한 불안감' 때문이다.

'우리 아이만 없으면 어쩌지, 우리 아이만 뒤처지면 어쩌지'라는 마음이 결핍에 대한 막연한 두려움을 키운다.

결핍의 사전적 정의를 찾아보면 '모자람, 부족함'이란 뜻이다. 모자람 없이 아이를 키우고 싶은 마음, 부족함 없이 아이를 키우고 싶은 마음은 모든 부모의 바람이 아닐까 싶다. 그런데 아이가 결핍 없이 자라는 것이 애당초 가능할까? 그것이 설령 가능하다고 하더라도 아이에게 결핍이 정말 나쁜 걸까? 물론 특정한 결핍이 오랜 기간 이어지게 된다면, 아이에게 나쁜 영향을 줄 수도 있다. 하지만 결핍이 아이에게 반드시 나쁜 것만은 아니다. 오히려 아이의 성장을 이끄는 동기로 작용할 수도 있다. 아이의 환경을 조성해 주는 부모가 아이 스스로 결핍을 가치 있는 일로 만들어 가는 기회를 제공해 준다면 말이다. 그때가 바로 결핍이 동기로 전환되는 결정적인 순간이 된다.

결핍이 동기가 되는 순간

° ° °

"엄마, 유치원에서 나만 빼고 다 있어."

어느 날 유치원에서 돌아온 아이가 저녁 식사를 하며 한 말이다. '나만 빼고 다 있다'는 말의 주인공은 다름 아닌 포켓몬 딱지였다. 유치원 친구들이 포켓몬 딱지를 집에서 가지고 와서 근처 놀이터에서 만나 매일 치면서 노는 것을 자랑한 모양이다. 아이는 그게 내심 부러워했던 것 같다. 자기만 빼고 다 있다는 말을 들으니 내 마음 역시 좋지 않았다. 그런데 포켓몬 딱지 가격을 검색해 보니, 하나에 5,000원 정도로 꽤 고가였다. 여러 장을 구매하려고 보니 생각보다 거금이 들었다. 이렇게까지 돈을 들여서 살 건 아니라는 생각이 들었지만, 아이의 마음을 무시할 순 없었다. 아이와 함께 이야기를 나눴다.

"하준아. 엄마가 검색해 보니 포켓몬 딱지 하나에 5,000원씩 하네. 생각보다 비싸다."

"엄마! 그럼 내 용돈으로 사면 어때?"

"그것도 좋은 방법이다! 하준이가 가진 용돈을 확인해 볼까?"

"엄마. 3만 3,000원 정도가 있어! 이걸로 포켓몬 딱지를 여섯 개 살 수 있네!"

"포켓몬 딱지 여섯 개에 용돈을 다 써도 괜찮겠어?"

아이는 선뜻 용돈을 모두 쓰겠다고 말하지 않았다. 용돈 통에는 하루 계획표를 지키면 받는 100원 외에도 문제집 한 권을 모두 끝내면 받는 1000원, 명절 용돈으로 받은 1만 원 등이 있었다. 이렇게 모은 용돈으로 현장체험학습 때 필요한 간식을 구매하거나 친구 생일에 선물을 사고, 읽고 싶은 책을 사보기도 했다. 아이들은 이미 경험적으로 돈을 모으는 건 생각보다 어렵지만, 쓰는 건 쉽다는 걸 알고 있었다. 그렇기에 포켓몬 딱지 여섯 개에 3만 원을 지불하는 건 수지가 안 맞는다는 걸 알았다.

"엄마. 생각보다 비싸네"라는 대답을 아이가 먼저 했다. 고민하는 아이 표정을 보니 불현듯 좋은 생각이 떠올랐다.

"하준아. 우리 중고 물품으로 검색해 볼까? 중고 물품으로 사면 하준이가 가지고 싶은 딱지를 용돈을 조금만 써도 더 많이 살 수 있을 거야. 용돈이 조금 더 모이면 선택이 더 다양해질 거야."

"엄마, 그럼 나 용돈 조금만 더 모아서 사볼게!"

아이는 그때까지만 해도 중고 물품이 뭔지 몰랐다. 포켓몬 딱지를 지금 가진 용돈에서 더 많이 살 수 있다는 이야기를 들으니 귀가 활짝 열렸다. 하루 계획표를 더 열심히 실행하고, 문제집을 조금 더 열심히 풀어야 하는 아이만의 이유가 생겼다. '나만 없다는 결핍'으로 인해, '동기'가 켜진 순간이었다.

동기가 켜지는 순간이 바로 실행으로 옮길 타이밍

○○○

아이들과 함께 용돈을 쓰는 날을 정했다. 열 칸짜리 스티커판에 아이들이 스스로 정한 기준으로 스티커 열 개를 모두 모은 날, 사고 싶은 장난감을 사기로 협의했다. 하준이는 '급식왕'이라는 기준을 정했는데, 이는 저녁 식사를 남기지 않고 모두 먹는 것을 뜻했다. 아이가 스티커 열 개를 모으기까지 시간이 꽤 걸렸지만, 스스로 정한 기준이었기에 지키고자 하는 마음이 컸다. 스티커 열 장이 모두 모인 날, 아이의 용돈은 무려 5만 3,900원이었다. 그런데 포켓몬 딱지가 없는 기간 동안 용돈만 는 게 아니었다. 아이는 한 가지 대화 기술도 함께 늘었다. 식탁 대화를 통해 포켓몬 딱지를 친구에게 빌릴 때 부탁하는 말, 자신이 가진 장난감과 교환해서 노는 말 등에 대한 대화법을 연습했다. "딱지가 정말 멋지다! 나도 한 번 써봐도 될까?", "빌려줘서 고마워. 네 덕분에 정말 즐거웠어.", "내 장난감이랑 바꿔서 놀아볼래? 이것도 재밌을 거야!"와 같은 대화 연습은 결핍이 있었기에 가능한 일이었다. 본인이 원하는 게 있다면 꼭 소유하지 않더라도, 함께 놀 수 있는 방법이 무엇인지에 관한 생각으로까지 이어졌다.

스티커 열 장을 모으는 동안 아이들은 어떤 장난감을 살지, 딱지를 몇 개나 살 수 있을지 기대했다. 마침내 살 수 있는 날이 왔을 때, 아이들은 아빠와 함께 '당근마켓'을 꼼꼼하게 살펴봤다. 그때 하준이 눈에 들어온 한 게시물이 있었다. 가지고 싶은 딱지가 골고루 70개나 들어 있었는데, 가격이 2만 원밖에 하지 않은 것이다. 아이와 함께 예약 구매를 걸어두고, 아빠는 차를 끌고 판매자가 있는 곳까지 다녀왔다. 아빠가 커다란 통 안에 포켓몬 딱지 70개를 들고 현관문을 열기까지 아이는 내내 기쁨과 설렘을 감추지 못했다. 포켓몬 딱지를 가지고 온 아빠에게 용돈 통에서 현금 2만 원을 건네고 드디어 기다리던 실물 딱지를 마주했다. 아이는 딱지 한 장 한 장을 물티슈로 깨끗하게 닦고, 이름 스티커를 붙이며 금이야 옥이야 다뤘다. 새벽에 일어나 딱지가 무사히 있는지 확인하고, 저녁이면 모두 쏟아 가족끼리 딱지 대회를 열었다. 딱지 70장을 가방에 가득 담아 들고 친구들과 놀이터에서 원 없이 딱지를 쳤다. 이제

껏 딱지를 빌려준 친구들에게 자신의 용돈으로 구매한 딱지를 마음껏 빌려주는 경험도 했다. 내가 딱지를 그냥 사줬더라면, 아이는 이 정도로 딱지에 대한 깊은 애정을 가질 수 있었을까? 그렇지 않다. 본인이 직접 모은 용돈으로 샀기에 가능한 일이었다.

결핍으로 인해 확장된 아이의 세상

◦◦◦

하루는 아이가 중고 물품에 대해 이런 말을 했다.

"엄마! 중고는 중할 중(重), 높을 고(高) 자 한자를 쓸 것 같아. 그렇지 않고서는 중고가 이렇게 좋을 수 있겠어?"

아이는 단돈 2만 원에 포켓몬 딱지를 무려 70장이나 얻었고, 자신이 원하는 것을 충분하게 얻었음에도 용돈을 3만 원 이상이나 남겼다. 아이는 중고 구매로 인해 '수지에 딱 맞는 구매'를 처음 경험한 것이다. '나만 없는 딱지'로 인해 아이는 중고 물품에 대한 긍정적인 인식까지 가질 수 있게 되었다. 어린 시절에 중고 물품을 직접 사고팔아 본 경험을 가진 아이는 많지 않다. 그렇기에 중고에 대한 막연한 거부감이 있을 수도 있다. '남이 쓰던 걸 쓴다'라는 것에 대한 부정적인 인식은, 아이의 세상 또한 더 좁은 틀에 가두는 일이다.

결핍이 두려움이나 불안함으로 남지 않고, 아이에게 긍정적인 동기를 일으키는 대화가 식탁에서 이루어졌다. 아이가 가진 결핍을 부모가 매번 채워주려 한다면 육아는 참 힘든 일이다. 그런데 생각을 조금만 전환하면 아이의 결핍이 기회가 되고, 그 기회가 아이의 동기로까지 확장된다. 아이들은 앞으로 무수히 많은 결핍을 경험할 테다. 식탁 위에서 나눈 대화로 인해 아이의 세상은 한층 더 넓어졌다. '교복' 수식어가 붙은 많은 유혹의 대상이 아이와 우리의 발 앞에 매번 놓일 테지만, 우리에겐 최선의 방법을 찾아 나갈 식탁이 있다.

Chapter. 4

남 탓을 할 때는
김 뚜껑 솔루션

"네 탓이야."

이 말을 들으면 어떤 생각이 먼저 떠오를까? 우선 누가 말했고, 누가 들었느냐에 따라 다를 수 있다. 내가 말했다면 잘못에서 잠시 벗어나 편해질 수 있고, 내가 들었다면 억울한 마음이 들 수 있다. 즉, 말한 사람은 편해지는데 듣는 사람은 한없이 기분이 나빠지는 말이다. 그런데 이 말은 듣는 사람보다 하는 사람에게 더 큰 문제가 생긴다. 자주 말하다 보면 습관이 되기 때문이다. "네 탓이야." 이렇게 말하는 건 간편하다. 문제의 상황에서 순간적으로 나는 해방되기 때문이다. 그런데 간편한 건 자주 꺼내 쓰고, 자주 쓰다 보면 당연히 습관으로 이어진다. 그렇기에 평상시에 하는 말들이 너무 편한 쪽으로만 흐르지 않도록 연습해 두어야 한다. 말은 나라는 사람을 규정하고, 행동은 나라를 사람을 이끄는 힘이다. 생각보다 많은 아이가 자주 본인의 잘못을 '엄마 탓이야'라고 회피하곤 한다. 물론 우리 아이도 예외가 아니다. 이때 우리는 어떤 말을 아이에게 전해줄 수 있을까?

"엄마 때문이잖아"라는 간편한 선택을 하는 아이에게

∘∘∘

당시 일곱 살이었던 하준이와 있었던 어느 저녁의 일이다. 하준이는 스스로 목욕을 마치고 나왔고, 나는 주방에서 저녁 식사 준비를 하고 있었다. 하준이는 알몸으로 나와 거실에 있는 블록 장난감에 시선이 뺏겨 한참을 거기에 머물며 놀이하고 있었다. '때가 되면 로션을 바르겠지'라고 생각하고 굳이 말하지 않았다. 그런데 시간이 꽤 흘렀는데도, 알몸인 채로 여전히 놀고 있었다. 그 상태로 오래 있으면 감기에 걸리니 그때 하준이에게 한마디를 건넸다.

"로션을 아직 안 발랐네! 얼른 바르자. 감기 걸려!"

블록 놀이에 푹 빠져 있던 하준이가 가장 먼저 한 첫 마디는 바로 이거였다.

"엄마가 등을 안 발라줘서 그런 거잖아. 엄마 때문이야!"

우리 집에선 목욕에서 로션 바르기까지 아이들이 스스로 하게끔 규칙을 정했다. 그런데 등은 아이 손이 닿지 않아 내가 발라주는 영역이다. 아이는 그 점을 이용해 로션을 바르지 않은 걸 '내 탓'으로 돌렸다. 하준이의 말을 듣자마자 주방에서 하던 일을 즉시 멈추고 아이에게로 갔다. 하준이가 그전에도 자신이 원인이 되는 일을 내 탓으로 돌렸던 적이 있어서 한 번은 꼭 말해야겠다고 생각했던 참이다.

"하준아. 로션을 안 바른 게 정말 엄마 탓이야?"

아이는 순간 블록에서 손을 떼더니 당황한 표정을 지었다.

"엄마한테 로션 발라달라고 말했는데, 엄마가 안 왔잖아."

"그러면 엄마를 한 번 더 부르면 되는 거야. 하준이가 해야 하는 일을 하지 않았는데, 그걸 엄마 때문이라고 하면 안 되는 거야. 하준이가 선택한 일을, 엄마 탓으로 돌려선 안 돼."

아이는 분명 블록을 더 가지고 놀고 싶었을 테고, 그러다 보니 로션 바르는 걸 잊었을 테다. 그때 마침 엄마가 로션을 바르라는 말을 하니, 순간 귀찮은 마음이 올라왔을 것이다. 그래서 아이는 "엄마 때문이잖아"라는 자신에게 가장 간편한 말을 선택했다. 나는 이 말이 정말 위험하다고 생각한다. 일상에서 자신이 선택한 사소한 일도 다른 사람의 탓으로 돌리게 되면, 다른 많은 영역에서도 남 탓을 하기 쉬워지기 때문이다.

무언가를 결정했는데 잘 안 됐을 때, 해보려고 했는데 실패했을 때, 무언가를 하기 전에 용기가 필요할 때 공통적으로 '두려운 마음'이 든다. 이때의 감정을 내가 감당하지 않고, 다른 사람 탓을 하거나 주어진 상황 탓을 하게 되면 어떻게 될까? 아이는 해결할 방법을 고민하지 않게 된다. 고민하지 않으면, 손쉽게 포기하는 쪽을 택한다. 그렇게 되면 누구에게 가장 안 좋을까? 바로, '나 자신'에게 가장 안 좋은 일이 된다. 아이를 달래며 알려줄 수도 있었겠지만, 나는 아이가 자신에게 가장 좋지 않은 습관을 들이도록 두고 싶지 않았다. 그렇기에 단호하게 이야기하는 것을 택했고, 아이는 내 말을 듣고 엉엉 울음을 터트렸다. 아이는 로션 바르기 싫었던 마음을 이해받기 원했지만, 때론 공감보다 우선시 되어야 하는 교육이 있다.

"엄마는 하준이가 꼭 알아야 하는 걸 알려줘야 하는 사람이야. 네가 속상하더라도 엄마는 말해줘야만 해."

그날 아이는 그렇게 한참을 울었다.

"엄마 때문이잖아"라는 말에서 끝나지 않도록
우리가 해야 할 일

◦◦◦

그날 이후 하준이도 내 말을 여러 번 생각해 본 것 같았다. 저녁 식사 시간에 식탁에서 아이의 고민을 엿볼 수 있는 질문을 하나 받았기 때문이다.

"엄마, 근데 '탓'이 무슨 뜻이야?"

하준이는 스스로 고민의 시간을 거친 뒤, 내게 질문을 했다. 그 진심 어린 고민에 대해 나도 기회를 놓치지 않고, 마음을 다해 답

해주고 싶었다. 아이의 삶에 배움과 성찰이 일어나는 아주 중요한 순간이기 때문이다. 마침 그 찰나의 순간에, 눈앞에 김이 담긴 통이 보였다.

"하준아. 여기 김이 있잖아. 김 뚜껑이 이렇게 열려 있어서 엄마가 하준이한테 김 뚜껑을 닫아달라고 부탁했는데, 하준이가 깜빡하고 안 닫은 거야. 그런데 엄마가 모르고 팔로 통을 쳐버려서 김이 바닥에 다 쏟아져 버렸네! 이때 이건 누구 잘못인 것 같아? 김 뚜껑을 안 닫은 하준이 잘못이야, 팔로 통을 친 엄마 잘못이야?"

아이는 '엄마 잘못'이라고 대답했다.

"맞아. 엄마 잘못이지? 엄마가 팔로 통을 쳐서 떨어트린 거잖아. 그런데 엄마가 하준이한테 '왜 김 뚜껑을 안 닫았어! 김을 쏟은 건 하준이 때문이야!'라고 말하면 어떨까? 그때 하준이 마음은 어때?"

"그러면 너무 화가 날 것 같아!"

아이는 감정이입을 하며, 이렇게 대답했다. 얼마 뒤 아이는 '아차' 하며, 나와 있었던 일을 떠올리는 것 같았다.

"하준아. 이해됐을까?"라는 나의 물음에 아이는 고개를 끄덕였다.

"엄마는 하준이가 정말 대견해."

다른 말은 더 이상 하지 않았다. 아이가 스스로 고민해서 질문을 했고, 나의 대답을 듣고, 자신만의 결론을 내렸다.

육아가 힘든 건, 선택이 너무 많아서이다. 알려주고 싶은 건 많은데 무엇을 알려줘야 할지 엄마 역시 선택해야 한다. 그런데 이게 옳은 선택인지 아닌지 엄마도 확신이 서지 않는다. 그래서 나는 자주 아이가 선택한 '어른의 모습'을 그려본다. 나는 그 어른의 모습이 건강하고, 행복한 상태이길 바란다. 그 모습을 떠올리면 생각보다 육아할 때 선택이 쉬워진다. 가장 중요한 가치를 솎아낼 수 있는 이정표가 되기 때문이다. 아이가 고민을 안고 식탁에 앉았을 때, 나는 '건강하고 행복한 어른이 되는 선택'이라는 이정표를 꺼낸다. 그러다 보면 식탁 위에 올라온 모든 것들이 대화의 주제가 된다. '김 뚜껑'으로 '남 탓'이 왜 안 좋은 일인지 설명한 것처럼 말이다.

Chapter. 5

하기 싫은 것 속에서
하고 싶은 걸 찾는 일

"엄마. 나 정말 유치원에 가기 싫어."

둘째가 다섯 살이 되어 유치원에 가게 된 지 한 달 정도 지난 때였다. 하윤이가 다섯 살이 되면서 식탁 한켠에 있던 하이체어도 처분한 시점이었다. 아이가 자기는 유치원에 가서 언니가 되었으니 더 이상 아기가 앉는 의자에 앉고 싶지 않다고 했다. 그 정도로 하윤이는 유치원에 큰 기대를 하고 있었다. 하지만 막상 유치원에 들어가서 적응하는 것은 또 다른 문제였나 보다. 유치원에 입학한 첫한 주일 동안 울지 않고 씩씩하게 들어가는 아이를 바라보며 한 달내내 눈물바다였던 첫째 생각이 났다. '둘째는 이렇게나 다르구나'라고 생각했는데, 일주일이 지나고 나니 슬슬 '여기는 어린이집이

랑은 다른 곳이네'라는 느낌이 왔나 보다. 그다음 주부터 등원하는 내내 눈물을 찔끔 흘리기 시작하더니, 이제는 오열하며 유치원에 가기 싫다고 말하는 지경이 되었다. 이때 아이에게 어떤 말을 해주면 좋을까?

내가 통제할 수 있는 부분과 없는 부분을 알려줄 것

000

우리는 살면서 '하기 싫은' 상황을 자주 만난다. 유치원에 가기 싫다는 말은 학교에 가기 싫다는 말로도 이어지고, 나중엔 직장에 가기 싫다는 말로까지 확장될 수 있다. 마치 나무를 보는 것과 같다. 우리의 눈에 보이는 것은 커다란 나무의 기둥이나 줄기이지만, 땅 밑에 단단하게 내려진 뿌리가 있다. 커다란 나무도 처음엔 작은 씨앗으로 시작한다. 그 씨앗이 흙 속에 뿌리를 내리고, 햇빛과 물이란 양분을 받아, 아름드리나무로 자라난다. 그렇기에 '유치원에 가기 싫다'라는 말은 쉽사리 넘어가서는 안 되는 말이다. 하기 싫은 일을 대하는 태도를 형성하는 뿌리의 시작이기 때문이다. 이 뿌리가 어떻게 뻗어 나가느냐에 따라 다가올 태풍에도 굳건하게 서 있을 수 있는 삶의 지지대가 만들어진다.

아이는 유치원에 가기 싫다고 내 다리에 매달리고, 유치원 앞에서 주저앉아 엉엉 울기도 했다. 비단 우리 집만의 일이 아니다. 유치원 입학 적응 기간이나, 적응 기간이 지난 뒤에도 많은 아이가 한 번씩은 겪는 일이다. '등원 거부' 등과 같은 키워드가 인터넷에 항상 오르락내리락하는 이유다. 아이와 함께 식탁에 앉아 유치원에 왜 가기 싫은지에 대한 이야기를 나눴다. 이유는 단순했다. '처음 가는 급식실이 너무 시끄러워서', '친구가 같이 장난감을 가지고 놀다가 말도 없이 가져가 버려서'와 같은 이유였다. 한마디로 본인에게 낯설고 불편한 상황들이 싫었던 것이다. 그렇다면 이때 아이와 함께 나눠볼 이야기는 두 가지로 나뉜다.

아이가 통제할 수 있는 상황과 통제할 수 없는 상황을 구분시켜 주는 일이다. 우리는 통제할 수 없는 상황까지도 나의 일로 떠안으려고 할 때 스트레스를 받는다. 아이도 마찬가지다. 급식실이 시끄럽거나, 친구가 말도 없이 장난감을 가져가는 건 아이가 통제할 수 있는 일이 아니다. 아이가 통제할 수 없는 일들과, 그 안에서 아이가 통제할 수 있는 부분을 나눠서 설명해 주었다.

"하윤아. 급식실이 생각보다 시끄러워서 놀랐지? 엄마 생각에도 하윤이가 많이 놀랐을 것 같아. 그런데 급식실은 많은 학생이 이용하는 곳이라서, 한 사람이 작은 목소리로 말을 해도 합쳐지면 큰 소리가 날 수가 있어.(→통제할 수 없는 부분) 모두가 아무 소리도 내지 않으면 좋겠지만, 급식실은 그러기 힘든 곳이야. 너무 시끄러우면 귀를 잠시 막거나, 아니면 처음부터 시끄러울 수 있다고 생각하고 가는 건 어떨까?(→통제할 수 있는 부분)"

"하윤아. 친구가 말도 없이 장난감을 가져가서 정말 속상했겠다. 내가 놀던 걸 말없이 가져가면 정말 화가 나기도 하지. 그런데 친구가 매번 가져가는 걸 막기는 생각보다 어려운 문제지?(→통제할 수 없는 부분) 그럴 땐 하윤이가 친구에게 말해보면 어떨까? 다시 돌려달라고 말을 하거나, 친구에게 같이 놀자고 먼저 제안해보는 거야. 그런데도 어려우면 선생님께 이야기하면 어때?(→통제할 수 있는 부분)"

아이는 급식실이 시끄러울 수 있다고 예상하는 것만으로도, 장난감을 가져간 친구의 행동보다 자신이 대처할 수 있는 행동에 초점을 돌린 것만으로도 한결 편안해졌다. 이처럼 아이에게 모든 상황을 혼자 '감당'하지 않아도 된다는 것을 알려주는 게 중요하다. 통제할 수 없는 부분까지 본인이 끌어안을 필요는 없는 것이다. 힘든 상황 속에서 아이가 할 수 있는 행동을 알려주고, 실제 연습해 봄으로써 아이는 문제 해결의 뿌리를 흙 속에 내리기 시작한다.

아이가 통제할 수 있는 영역을 엄마가 도와주는 법

° ° °

아이에게 통제할 수 있는 부분과 통제할 수 없는 부분에 대한 구역을 나누어 주었다면, 나 역시 그것을 아이의 몫으로만 둘 것이 아니라 아이를 도와줄 방법을 생각해야 한다. 아이가 두 가지 구역을 나눴다면, 통제할 수 있는 부분을 잘 해낼 수 있도록 환경 구성을 생각하는 것이 우리의 몫이다. 하기 싫다고 외면하는 것이 아니라, 그 안에서 한 번 해보기로 노력한 아이를 마음 다해 응원해 주고 싶었다. 그렇게 식탁 위에서 탄생한 것이 '나는 멋진 어린이' 스티커 판이었다.

먼저 유치원은 가기 싫다고 빠질 수는 없는 곳이라는 것을 아이에게 인지시켰다. 건강한 어린이로 자라나기 위해서는 꼭 배워야 할 것들이 있는데, 그걸 배울 수 있는 곳이 유치원이나 학교라는 말을 전했다. 처음 가는 유치원에서 규칙을 지키고, 배우는 일이 어렵고 힘들 수 있지만 멋진 어린이가 되기 위해서는 반드시 필요한 일이라는 것을 말해주었다. 그렇기에 우리 가족은 그런 하윤이를 응원한다고 말하며 식탁 위에서 스티커 판 규칙을 정했다.

"하윤아. 유치원에 가는 게 요즘 많이 힘들지? 힘든 상황 속에서도 잘 살펴보면 신기하게 재밌는 일이 하나씩 있어. 우리 그걸 한번 찾아보는 연습을 해볼까? 하윤이가 유치원에 씩씩하게 다녀온 날, 스티커 판에 스티커 하나씩 붙이기로 하자. 스티커 하나 붙일 때마다 하윤이가 좋아하는 간식 하나씩 먹는 거 어때? 우리 간식 먹으며 파티하자! 하윤이는 어떤 간식이 좋아?"

"엄마! 나는 킨더조이를 먹고 싶어!"

그날 이후부터 실제 아이가 유치원에 가서 재밌는 일 한 가지를 찾아오는 날들이 늘었다.

우유 한 통을 다 마신 날, 친구와 도둑 놀이를 한 날, 유치원 놀이터에서 미끄럼틀을 탄 날 등 소소한 즐거움 하나씩을 찾기 시작했다. '하기 싫은 일' 속에서 본인이 '할 수 있는 일'을 찾는 연습을 조금씩 해나간 것이다. 아이가 유치원에 다녀와서 '나는 멋진 아이

'나는 멋진 아이야' 스티커판과 스티커판 다운로드용 QR

야' 스티커 판에 스티커를 붙였다. 그때마다 킨더조이 하나씩을 꺼내서 가족이 식탁에 둘러앉아 아이를 진심으로 격려하고 축하해 주었다.

"하윤이가 힘들었는데도 오늘 잘 해냈구나!"

"하윤이가 오늘 즐거운 일 하나를 찾았구나!"

"우리는 하윤이가 잘 해낼 수 있을 거라 믿었어. 하윤이는 정말 멋진 어린이다!"

이 말과 함께 힘든 상황 속에서도 본인이 할 수 있는 일을 찾아가는 아이를 마음 다해 응원해 주었다. 한 달 정도가 지나고 나서, 아이의 말이 바뀌었다. 유치원에 가기 싫다고 내 다리를 붙잡고 울던 아이가 이제는 유치원이 가장 재밌다고 말했다. 그럼, 그 후로는 하윤이가 유치원에 가기 싫다 말하지 않았을까? 대답은 당연히 아니다. 하윤이는 그 뒤로도 종종 유치원에 가기 싫다고 말했다. 우리는 그때마다 통제할 수 없는 부분과 통제할 수 있는 부분에 관한 이야기를 나누고, 하기 싫은 일 속에서 내가 할 수 있는 일을 의논했다. 나는 이 시간을 통해 아이가 삶에서 가장 중요한 가치를 연습하고 있다고 믿는다. 앞으로 수없이 마주할 무수한 불편함 속에서, 불편함만을 보지 않을 특별함을 말이다.

Chapter. 6

엄마, 거짓말이 하고 싶을 땐
어떡해요?

"그건 뻥이었거든!"

"뻥이야~ 정말 미안해~"

하준이가 7세 말이 넘어가는 어느 순간부터 가장 많이 했던 말을 꼽으라면, 단연코 위 두 가지가 압도적이었다. 문제는 유치원에서 친구들끼리 장난스레 하는 말들이 담벼락을 넘어 일상에 스며들고 있었다는 것이다. 뻥이라는 말이 생활화가 되어 평상시에 아이가 가장 자주 쓰는 말이 되어 있었다. 장난의 범주를 아이가 명확하게 구분하지 못하자, 해야 하는 일과 약속을 지켜야 하는 일들도 "뻥이었어!"라는 간편한 문장 안에 숨기곤 했다. 말버릇이라는 게 이토록 무섭다는 걸 실감했다. 하지만 '뻥'이라는 말은 시작에

불과하다는 걸 안다. 앞으로 아이의 생활에 무수하게 놓여질 '말'과 관련된 문제들에 어떻게 접근하면 좋을까? 특히 이런 말들에 재미를 흠뻑 느끼고 있는 아이에게 말이다.

때론 엄마의 말보다 힘이 있는 이야기

○ ○ ○

로버트 치알디니(Robert Cialdini) 교수가 쓴 《설득의 심리학》에는 권위의 법칙이 나온다. 사람들은 권위의 법칙에 의하여, 각종 권위의 상징을 띤 대상의 지시에 자동적으로 복종하게 된다는 뜻이다. 때론 아이를 설득하기 위해선 이런 권위를 이용하는 것이 효과적일 때가 있다. 아이들에게 권위를 가진 것은 '전문가, 교사, 박사' 등이 말하는 이야기가 될 수도 있겠지만, 평상시에 지식을 얻는 통로로 쓰이는 '책'을 이용하는 것도 좋은 방법이다. 내가 썼던 방법 하나는 '그림책'을 이용한 것이었다.

유명한 이솝우화 《양치기 소년》의 이야기를 아이와 함께 읽었다. 아이에게 '뻥'이라는 말이 좋지 않다는 것을 직접적으로 말하는 건 설득력이 떨어진다는 걸 알고 있었기 때문에 선택한 방법이다. 그림책을 함께 읽으며 양치기 소년의 행동과 다른 사람들의 반응을 연관 지어 이야기를 이어갔다.

"하준아, 양치기 소년이 왜 사람들에게 거짓말을 했을까?"

"엄마, 재밌어서 그런 게 아닐까? 양치기 소년이 웃고 있잖아."

"맞아. 그럴 수도 있겠다. 그런데 재미로 계속 거짓말을 하면 어떤 점이 문제일까?"

"나중에 사람들이 믿어주지 않게 돼."

"사람들이 믿지 않을 때, 양치기 소년은 어떤 마음일까?"

"속상할 것 같아. 그리고 양도 다 죽어버리고."

"하준아. 뻥이라고 말하는 것과 거짓말을 하는 건 어떤 차이점이 있을까?"

내가 이 질문을 했을 때, 아이는 "아차!" 하는 표정을 지었다. 뻥이 왜 좋지 않은지를 이야기하기 위해 그림책이라는 권위를 빌려오는 것만큼 더 효과적인 방법은 없었다.

아이에게 숨구멍도 함께 제시하기

∘∘∘

소아정신과 서천석 의사의 《우리 아이 괜찮아요》에서는 위험한 거짓말과 둘러대기를 구분해야 한다고 말한다. 여기서 위험한 거짓말이란 의도적으로 남을 속여 자기 이익을 취하기 위한 적극적인 거짓말을 뜻한다. 둘러대기란, 급한 일을 피하기 위한 거짓말이나 재미를 위해 얼버무리는 것을 뜻한다. 아이가 자주 말하는 '뻥'은 후자에 가깝다. 부모가 흔히 하는 실수는 위험한 거짓말이 아님에도, 아이의 행동을 몰아세운다는 것이다. 아이는 이미 그림책이라는 권위 있는 이야기 앞에서 한 번 설득을 당했다. 이제 그만해야겠다는 심경의 변화도 일어났을 것이다. 그때 아이에게 주어야 할 것은 '숨구멍'이다. 마음의 변화가 진정 행동으로 이어지게 하기 위한 대화가 필요한 순간이었다.

온 가족이 함께 식탁에 둘러앉아 대화를 나눈 주제는 "뻥을 다시는 치지 말자!"가 아닌 "하루에 뻥을 몇 번까지 허용할까?"였다. 성인인 우리도 다시는 하지 않겠다는 다짐이 결코 지켜질 수 없음을 알고 있다. 성인보다 조절력이 낮은 아이들은 어떨까? 당연히 그보다 더 어렵다. 본인의 말을 지키고 싶지 않아서가 아니라, 아이들이 지키기 어려운 과제이기 때문이다. 문제점을 느꼈을 때, 행동으로 변화될 수 있도록 점진적인 목표를 세워주어야 한다. 나는 점진적인 목표야말로 아이의 '숨 쉴 구멍'이라 생각한다. 행동의 주체는 아이지만, 아이가 수월하게 성취 경험을 쌓을 수 있도록 부모가 환경 구성을 제시해 주는 일인 것이다. 먼저, 행동의 주체자가 되는 하준이에게 몇 번까지 뻥을 말하는 것이 좋을지 물어보았다.

"엄마. 나는 하루에 두 번만 말할게. 양치기 소년도 세 번 말했을 때 사람들이 안 믿었잖아. 두 번으로 할게!"

그날 식탁에서 하준이는 하루에 두 번만 뻥을 말하기로 약속했다. 그리고 우리 가족도 하루에 두 번까지는 하준이의 이야기를 재미로 받아주기로 함께 약속했다.

백 번의 잔소리보다 의미 있는 일

°°°

당연히 하루에 두 번만 삥을 말한다는 하준이의 약속은 처음부터 잘 지켜지진 않았다. 초반에는 횟수를 넘는 날들이 다수였다. 열 번, 여덟 번이 넘는 날들이 많았지만 변화된 점 하나는 아이가 스스로 자신이 말하는 것을 인지하고 있었다는 점이다.

"아차차! 이렇게 말하면 안 되는데!"

"엄마! 이건 아니야! 이건 내 진심이 아니라, 나도 모르게 나온 말이야!"

아이가 스스로 자신이 한 말을 돌아봄으로써, 본인도 모르는 새에 습관적으로 삥이라는 말을 하고 있다는 것도 함께 인지할 수 있었다. 스스로 인지했다면, 행동으로 이어질 수 있다는 신호다. 이때 주의할 점은, 아이에게 두 번만 말하기로 했는데, 자꾸 약속을 어기냐는 말로 다그치는 말을 하지 않아야 한다는 것이다. 말 습관이라는 어려운 문제를 해결해 보려고 애쓰는 아이를 힘껏 격려해 줘야 할 때다. 정말 신기하게도, 두 달 정도의 시간이 지나자 아이는 "삥이었어!"라는 말을 하루에 한 번도 하지 않게 되었다. 내가 백 번을 다그치고 잔소리했다면, 아이의 행동은 바뀌었을까? 그렇지 않았을 것이다. 스스로 문제점을 인식하고, 행동을 변화시키려는 노력만큼 강력한 방법은 없다. 우리가 식탁 대화를 하는 진정한 이유다.

식탁은 아이의 말이나 행동을 지적하기 위해 존재하는 곳이 아니다. 문제를 함께 해결하는 좋은 방법을 위해 존재하는 곳이다. 그리고 변화의 시작은 아이를 대화의 파트너로 인정할 때 출발할 수 있다. 우리의 역할은 아이가 자신을 인식할 수 있게끔, 식탁 대화라는 환경 구성을 해주는 것임을 잊지 말자.

Part. 4

거실 인프라:
거실육아를
완성하는 조력자

Chapter. 1

거실육아의 완성은
거실 인프라에 달려 있다

"Not see the forest for the trees."

"見樹不見林(견수불견림)"

두 속담의 공통점은 '나무만 보고 숲을 보지 못한다'라는 뜻을 담았다는 것이다. 눈앞의 작은 것을 신경 쓰느라 정작 목표를 위한 큰 그림을 보지 못할 때 쓴다. 거실을 아이들이 건강하게 자라나기 위한 관계·습관·학습의 장으로 만들고 싶다면, 거실만 봐서는 안 된다. 아이가 만나는 첫 번째 학군지인 거실이 진정한 학습 공간이 되기 위해서는 거실이 속해 있는 집이라는 숲을 보아야 한다. 이는 거실에서 쌓은 관계·습관·학습의 힘을 거실뿐만이 아닌 집의 다른 공간으로까지 유기적으로 연결한다는 말이기도 하다.

거실에서의 배움이 거실에서 끝나지 않도록

○○○

거실을 배움이 일어나는 복합적인 공간으로 활용하리라 다짐해도, 말 그대로 거실만 신경 쓰다 보면 놓치는 지점이 생긴다. 거실 책상에서 학용품을 스스로 정리하는 방법을 익혔다고 하자. 하지만 집에 돌아와서 옷은 아무 곳에나 널어두고, 양말은 벗은 그 자리에 그대로 놓아둔다면? "어라? 이게 뭐지?"라는 생각이 절로 든다. 거실에서 자기 주도 습관을 애써 잡았는데, 다른 공간에서 연계가 되지 않는다면 그건 진정한 자기 주도적 배움이 일어난 게 아니다. 한 사람이 가진 '배려'라는 태도를 살피기 위해 친한 사람에게 하는 행동을 볼 것이 아니라, 식당 종업원을 어떻게 대하는지를 보는 것과 마찬가지다. 거실에서의 배움이 다른 공간에까지 연계되어 진정한 삶의 '태도'로 자리잡을 수 있도록, 아이가 생활하는 공간 전반에서의 행동을 지켜봐야 한다. 그렇다면, 구체적으로 어떤 방법을 써야 할까?

멀리 보는 엄마가 하는 육아 비책: 보편적 설계

○○○

나는 아이들의 자기 주도적 배움이 거실에서만 끝나기를 바라지 않았다. 거실에서 배운 것을 욕실에서, 자신의 방에서, 현관에서, 세탁실에서도 동일하게 실천하기를 바랐다. 배움이 진정한 태도로 자리 잡기 위해선 다양한 공간에서 일관성이 유지되어야 한다고 믿기 때문이다. 그래서 나는 거실 외의 각 공간에 '보편적 설계(universal desing)'의 개념을 적용하여 아이들이 자립심을 유지할 수 있도록 고민했다. 보편적 설계란, 제품과 환경을 개조하거나 또는 추가적으로 설계하지 않아도 모든 사람이 최대한 편리하게 사용할 수 있도록 설계하는 공학적 개념이다. "모든 사람을 위한 디자인"이라고 불리는 이 설계법의 대표적 사례로는 아파트 계단의 경사로, 키와 상관없이 이용할 수 있는 지하철 손잡이 등이 있다.

이게 우리 집과 무슨 상관이냐고 생각할 수 있겠지만, 각 가정의 구성원을 떠올려보자. 어른으로만 구성되어 있다면 보편적 설계는 필요 없을지 모르지만, 어른과 아이로 구성되어 있다면 이야기는 달라진다. 집 대부분의 시설이나 용품들이 어른의 편의에 맞춰 구성되어 있기 때문이다. 우리 집 아이들이 네 살 때부터 스스로 목욕하고 머리를 말리고 로션을 바르는 모든 과정을 혼자서 할 수 있었던 것은 단순히 연습을 많이 했기 때문이 아니다. 아이들이 스스로 목욕하기 쉽도록 욕실 내 용품 위치 등을 조정했기 때문이다. 아이들에겐 모두 배우고 싶은 욕망이 있고, 그 욕망을 스스로 실천함으로써 표현하고 싶어 한다. '보편적 설계'라는 개념을 이용하여, 우리는 아이들의 배움을 조금 더 쉽게 끌어낼 수 있다.

곧고 튼튼한 나무를 보면 위로만 자라나지 않는다. 오른쪽, 왼쪽, 위, 아래 등 여러 갈래로 줄기가 넓게 뻗어 있다. 이처럼 거실이라는 커다란 몸통을 기반으로 다양한 공간으로 배움의 가지를 연결해야 한다. 정리하는 습관이 거실 책상에서 끝나는 것이 아니라, 세탁실의 옷 정리로까지 이어져야 한다. 아이의 스스로 해내는 습관이 거실 식탁에서 끝나는 것이 아니라, 주방에서 자신의 식기를 선택하고 정리하는 것으로 이어져야 한다.

4장에서는 거실에서 익힌 배움을 다른 공간으로 어떻게 확장하면 좋을지, 또 각 공간 구성이 어떻게 거실 공부에 대한 시너지를 낼 수 있는지 이야기해 보겠다. 아이가 실제 생활하는 거실 이외의 각 공간에 대한 구체적인 교육 환경 구성 방법들을 소개한다. 나무가 잘 자라기 위해 숲을 바라볼 차례다.

Chapter. 2

욕실: 아이를 자립시키는
평등 인테리어

"엄마! 수건 좀 꺼내줘!"

"엄마! 치약 다 썼어!"

"엄마! 드라이기 좀 꺼내줘!"

아이의 몸은 욕실에 들어가 있지만, 입은 엄마를 부르느라 바쁘기만 하다. 혼자서 할 수 있을 것 같은데, 왜 수건 한 장도, 치약 하나도, 드라이기도 다 꺼내줘야 하는 걸까? 한숨이 푹 나올 수도 있다. 주방에서 아이들 저녁 식사를 준비하느라 두 손이 바쁜데, 욕실에 있는 아이까지 함께 챙겨줘야 하니 답답한 마음이 들기도 한다. 그런데 아이의 요구를 자세히 들여다보니, 생각지 못한 문제점이 보인다.

"욕실에 수건이 없어! 수건 좀 꺼내줘."

→ 수건을 혼자 꺼내고 싶은데 너무 높은 곳에 있다.

"엄마! 치약 다 썼어!"

→ 스스로 이를 닦고자 했는데, 새 치약의 위치를 모른다.

"엄마! 드라이기 좀 꺼내줘!"

→ 머리를 스스로 말리고 싶은데, 드라이기가 꺼내기 힘든 곳에 있다.

아이가 했던 말을 찬찬히 되짚어 보니, 내가 해야 할 일이 무엇인지 답이 보였다. 스스로 하고자 하는 마음의 스위치가 켜진 아이에게, 할 수 있도록 실제적인 도움을 주는 일이다. 하나부터 열까지 다 도와줘야 하냐는 한탄을 하기보다, 아이가 해내고자 하는 마음을 먹었을 때 해낼 수 있는 환경이었는지를 되짚어 보자.

수건은 어른만 쓰는 게 아니니까

°°°

욕실의 대표적인 물품을 꼽으라면, 단연 수건이 있다. 아이들이 외출하고 집으로 돌아와서 손을 씻을 때 가장 먼저 만나게 되는 물품이다. 아이가 수건과 관련하여 엄마를 부르게 되는 두 가지 상황이 있다. 첫 번째로는 수건이 자신의 키보다 높이 걸려 있는 상황이고, 두 번째로는 수건이 없어서 새 수건이 필요할 때이다. 이 두 가지 상황이 생기게 된 이유는 욕실이 '어른 위주'의 공간으로 구성되어 있기 때문이다. 수건걸이가 너무 높거나, 수건을 보관하는 곳이 아이의 손이 닿지 않는 곳에 있기 때문이다. 그렇다면 이 두 가지 문제점만 해결해 주면, 아이가 스스로 수건을 사용할 수 있다는 말이 된다. 욕실은 어른만 사용하는 공간이 아니기에, 가족 파트너로서의 아이를 존중하는 욕실 환경 구성을 고려해야 한다. 말 그대로 평등 인테리어다.

수건이 너무 높이 걸려 있다면 아이를 위한 수건걸이 하나를 구매하기만 하면 문제는 간단하게 해결된다. 내가 쓰고 있는 제품을 만드는 제조사의 슬로건은 '수건 평등'이다. 수건은 어른과 아이가 함께 쓰는 물품인데 왜 수건을 어른의 눈높이에만 걸어두냐는 문제의식에서 출발했다. 그래서인지 수건걸이 디자인도 아이가 다칠 가능성을 염두에 두어 모서리를 제거했고, 아이가 수건을 대충 걸어도 흘러내리지 않는 유선형으로 제품을 만들었다. 심지어 가격도 비싸지 않다. 아이들을 위한 수건걸이를 어른 수건걸이 밑에 부착해 두었다. 그 뒤로 수건을 꺼내달라는 키 작은 둘째의 주문은 쏙 들어갔다. ⇒ 212쪽

아이가 혼자 수건을 꺼내지 못하는 문제도 간단하게 해결할 수 있다. 수납장에 보관된 수건 몇 개를 꺼내 아이들 손이 닿는 곳에 따로 보관해 두기만 하면 된다. 우리 집 수건 역시 대부분 화장실

세면대 윗 수납장에 보관하지만, 수건이 없을 때 아이들 스스로 꺼
낼 수 있도록 화장실 앞에 뚜껑이 달린 수납함을 비치해 두었다.
거창한 수납함이 필요한 것도 아니어서, 적당한 크기의 수납함을
다이소에서 구매했다. 아이들은 수건이 필요할 때 화장실 앞 수건
수납함에서 꺼내 수건걸이에 걸어두었다. 내가 한 일이라곤 수건
몇 개를 수납함에 채워둔 것 뿐인데, 새 수건이 없다고 욕실에서
엄마를 부르던 아이들의 목소리가 사라졌다. ⇒ 212쪽

쓰고 싶을 때 꺼내쓰는 세면용품 보관법

000

아이들이 사용하는 욕실 내 세면용품은 대표적으로 '칫솔, 치약,
가그린, 치약 컵, 치실, 바디워시, 비누'가 있다. 바디워시나 비누는
세면대 근처에 두고 쓰기 때문에 큰 문제가 되지 않는데, 생각보다
칫솔, 치실, 치약 등의 거처가 애매하다. 세면대 위에 모두 올려두
고 쓰기엔 양도 많고, 무엇보다 정리가 쉽지 않다. 우리 집은 칫솔,
치약, 치약 컵을 규조토 받침대 위에 올려두고 건조하며 사용하고
있었는데 여기엔 큰 문제점이 하나 있었다. 세면대 거치대가 높아
아이들이 까치발을 들어야 겨우 꺼낼 수 있었다는 것이다. 편하게
꺼내지 못하니, 치약 컵을 꺼내려다 다른 용품을 손등으로 치게 되
고, 그러다 바닥으로 쏟아지는 사태가 몇 번씩 일어났다.

'어른 위주'의 욕실은 수건에만 해당되는 게 아니었다. 아이들

이 자신의 청결을 위해 매일 사용해야 하는 욕실용품 또한 '어른 위주'로 맞춰져 있었다. 아이들이 쓰고 싶을 때 언제든지 꺼내쓸 수 있도록 세면용품에도 평등을 가져올 차례였다. 칫솔, 치약, 치약 컵은 홀더를 사용해서 아이들 눈높이에 붙여두었다. 치약 컵 같은 경우에는 거꾸로 보관할 수 있는 홀더를 사용했더니 아이들이 컵을 깔끔하게 관리하지 못해도, 물이 고여 있지 않아 위생적으로 관리하기가 편했다. 아이들은 자신들이 원할 때마다 손을 뻗어 바로 닿는 곳에서 세면용품을 꺼내썼다. 간단한 홀더 부착 하나로 스스로 하고자 하는 마음을 기꺼이 도와줄 수 있었다. 치실이나 가그린 같은 경우에는 변기 위에 작은 수납함을 마련해 두어 그 안에 담았다. 손에 닿기 쉬운 곳에 있다는 이유 하나만으로도, 아이들은 스스로 치실을 꺼내 양치를 깔끔하게 마무리했다. 가그린 또한 외출하기 전과 잠자기 전에 잊지 않고 스스로 관리하는 습관으로까지 이어졌다. ⇒ 212쪽

이처럼 내가 한 일은 홀더를 아이들 눈높이에 맞게 부착한 것, 아이들 손이 닿는 곳에 치실과 가그린을 보관한 것이었다. 무척 간단하고 쉬운 일인데, 생각보다 이 간단한 것을 떠올리기가 어렵다. 엄마의 사고를 한 번 전환해야 하는 일이기 때문이다. 우리 집 욕실이 '어른 위주'로 짜여 있다는 것을 알아채는 시선 하나와 아이에게 스스로 해내고자 하는 마음이 있다는 믿음 하나가 합쳐져야 가능한 일이다. 그리고 놀랍게도 아이는 이런 엄마의 시선과 신뢰를 먹고 자라난다. 욕실 평등이 가져온 건 다름 아닌 아이의 욕실

자립이었다. 아이가 네 살 때부터 스스로 씻고, 머리를 말리고, 양치하고, 치실을 할 수 있었던 건, 아이의 스스로 하고자 하는 마음을 돕는 평등한 인테리어 덕분이었다.

Chapter. 3

주방: 진짜 공부가 시작되는
선택 인테리어

"저녁 먹기 전 간식을 먹지 않는다든가, 용돈을 모으도록 한다든가, 크리스마스 전에 선물 풀어보지 않기 같은 아주 작은 일도 인지훈련입니다. 그런데 이런 사소한 것들이 습관이 되려면 수년간에 걸쳐 꾸준히 연습해야 하지요. 우리는 우리의 욕망을 속일 수 있게 자신을 훈련할 수 있어요. 바로 이 점에서 부모들의 역할이 중요합니다."

미국의 심리학자 월터 미셸(Walter Mischel)의 말이다. 공부야말로 수많은 인지훈련의 종합이다. 진짜 공부를 위해 아이들이 평상시 연습해야 하는 인지훈련에는 무엇이 있을까? 나는 주방에서 능동적인 선택을 하는 것에서부터 출발한다고 생각한다.

주방에서 아이들이 선택하는 다섯 가지

°°°

우리가 평상시 식사를 위해 해야 하는 다양한 일들의 과제 분석을 해보자. 과제 분석이란, 학습자가 수행해야 하는 과제를 더 단순한 하위 과제로 분할하는 활동 혹은 계획을 말하는 교육학 개념이다. '식사'라는 간단한 개념을 제대로 수행하기 위해 우리가 치러야 하는 다양한 활동들은 다음과 같다.

첫째, 내가 먹을 식기 가져오기

둘째, 식사에 필요한 도구 가져오기 (예: 수저, 포크, 가위 등)

셋째, 알맞은 컵을 골라 물 떠오기

넷째, 먹은 식기 싱크대에 올려두기

다섯째, 먹은 자리 깨끗하게 정리하기

위 다섯 가지는 원활한 식사를 하기 위해 우리가 매일 수행해야 하는 기본적인 다섯 가지 활동이다. 그런데 이러한 활동을 혹시 '부모'가 대신해 주고 있지는 않았는지 되짚어 봐야 한다. 이러한 사소한 인지 능력이 습관이 되기 위해서는, 수년간에 걸친 꾸준한 연습이 필요하다. 그리고 아이가 어린 시절 주방에서부터 연습한 작은 인지훈련이 결국엔 아이들의 책임감과 조절력을 키우는 열쇠가 된다. 그렇다면 우리의 역할은 어떻게 하면 아이들을 훈련 시킬 것인가에 대해 고민하는 것이다. 무턱대고 아이들에게 "이 다섯 가지는 너희들의 역할이니, 오늘부터 해보자"라고 말하는 건 진정한 연습이라고 할 수 없다. 진짜 공부가 시작되는 선택 인테리어란 어떻게 시작하면 좋을까?

맘프렌들리 대신 키즈프렌들리 주방을 만드는 세 가지 스텝

000

흔히 주방은 아이의 공간이 아닌 어른의 공간으로 인식하기 쉽다. 가스레인지, 전자레인지, 칼 등 아이들 손에 닿으면 다칠 수 있는 위험한 도구들이 많기 때문이다. 아이들이 주방으로 들어오면 "위험하니까 저리 가!"와 같은 말로 아이와 주방을 분리하곤 했다. 그래서인지 주방은 키즈프렌들리(kids-friendly)가 아닌, 맘프렌들리(mom-friendly)의 공간이다. 주방에 위험 요소가 많은 건 사실이지만, 부모의 충분한 주의와 관찰이 있으면 사고가 일어날 확률은 낮아진다. 오히려 사고에 대한 부담감으로 매일 아이들의 연습 기회를 부모의 몫으로만 돌린 것은 아닌지 생각해 봐야 한다. 나는 아이들에게 네 살 때부터 앞의 다섯 가지를 매일 연습할 수 있도록 기회를 제공하고 있다. 아이들은 자신이 먹을 식기를 가져오고, 오늘의 식사 메뉴를 보고 필요한 도구를 선택한다. 알맞은 컵을 골라 물을 스스로 뜨고, 먹은 식기는 싱크대에 올려둔다. 앞의 다섯 가지 과정은 네 살 아이도 거뜬히 해냈다. 생각보다 어렵지 않았던 이유는, 아이들의 연습을 도왔던 세 가지 주방 인테리어 스텝들이 있었기 때문이다.

스텝 ① 아이들이 편하게 식기를 고를 수 있는 주방 수납

식사 메뉴에 따라 필요한 식기 세트가 모두 다르다. 아이들은 면이 나오는 날이면 포크보다 젓가락을, 돈까스가 나오는 날이면 젓가락보단 포크를 사용하는 걸 선호했다. 또한, 자신이 먹기에 음식 덩어리가 크다 싶으면 유아용 부엌 가위도 가져와야 한다. 아이들이 자신에게 필요한 식기를 손쉽게 선택하기 위해 부모가 준비해 줘야 하는 일은 수납을 구조화하는 것이다. 우리 집의 식기 수납장은 아이들 키보다 낮은 곳에 있다. 식기 수납은 '숟가락, 젓가락, 유아 젓가락과 포크, 가위 모음, 집게 모음, 국자 모음' 여섯 가지 구역으로 나뉘어져 있다. 아직 젓가락 연습이 필요한 아이들을 위해 에디슨 젓가락과 유아용 짧은 젓가락을 갖춰 두었다. 또한 가위도 어른용 가위만 있는 것이 아니라, 아이들이 필요시 직접 음식을 자를 수 있도록 유아 가위도 함께 비치해 두었다. 식사 준비 시간이 되면 아이들은 식기 수납장으로 가서 그날 메뉴에 맞는 식기를 선택해서 온다. 엄마와 아빠를 위해 수저 세트를 가져와 식탁 위에 놓기도 한다. 본인에게 필요한 식기가 '어디'에 있다는 걸 아는 것만으로도, 아이들은 쉽게 선택했다. 이는 능동성으로도 자연스럽게 연결되었다.

스텝 ② 무엇이든 꺼낼 수 있는 발 받침 사용

주방에 필수적으로 있어야 하는 물품이 무엇이냐고 묻는다면, 나는 발 받침이라고 말하고 싶다. 주방에 있는 용품들이 생각보다

아이의 키에 비해 높이 있다. 특히 아이가 어릴수록 더욱 그렇다. 대표적인 물품으로 정수기가 있다. 아이들이 스스로 물을 마시기 위해서는 발 받침이 매우 유용하다. 발 받침은 아이가 쉽게 들고 이동할 수 있도록 가볍지만, 밑에는 고무 패킹이 되어 있어서 쉽게 밀리지 않는 제품으로 선택했다. 아이들이 스스로 물을 마시기 시작하면서 내가 처음 알게 된 사실이 있다. 아이에게도 물에 대한 '선호도'가 있다는 사실이다. 심지어는 자신의 건강 상태에 따라서 선호하는 물의 온도나 상태가 달랐다.

"엄마. 오늘은 목이 칼칼해서 정수만 마셔야겠어."

"엄마. 나는 정수와 냉수를 섞은 온도가 딱 좋아."

스스로 물을 뜨게 된 아이들은 '정수와 냉수의 조합'까지도 알게 되었다. 날이 유독 무더운 날에는 얼음까지 함께 넣어서 물을 마시곤 했다. 나는 정수기 이외에도 결명자차를 끓여 유리병을 냉장고에 넣어두는데, 하윤이가 특히 끓인 차를 좋아하기 때문이다. 다섯 살 아이는 정수기 외에도 냉장고를 열어 결명자차가 담긴 병을 꺼내서 컵에 스스로 따라 마신다. 물론 차를 따르다 흘릴 때도 많았지만, 그것마저도 연습의 과정이었다. 차를 흘리면 수건을 가지고 와서 닦기만 하면 그만이다. 이 또한 인지훈련의 작은 일부분이 된다. ⇒ 212쪽

스텝 ③ 엄마만 알고 있는 주방 매뉴얼 오픈하기

엄마만 알고 있는 주방 매뉴얼이 있다. 대표적으로 위험한 물

품 보관법, 냉장고 정리법, 전자레인지 사용법 등이다. 주방이 진정 키즈프렌들리한 공간이 되기 위해서는 엄마만 알고 있는 주방 매뉴얼을 아이들에게도 오픈해야 한다. 위험한 물품이 주로 어디에 보관되어 있는지를 알아야 아이들도 조심할 수 있다. 또한 아이들이 자주 먹는 '우유, 치즈, 사과주스 팩, 과일' 등이 냉장고 어느 칸에 정리되어 있는지 알려주어야 아이들이 스스로 꺼내먹고 넣어둘 수도 있다. 전자레인지 사용법 또한 마찬가지다. 시간 선택법과 취사 버튼만 알려주면 아이들이 생각보다 손쉽게 전자레인지를 사용할 수 있다. 이처럼 주방에 아이들의 접근 용이성이 높아질수록, 아이들이 선택할 수 있는 영역 또한 늘어난다. 능동성이라는 것이 특별한 게 아니다. 아이들이 매일 맞닥뜨리는 일상에서 선택의 범위를 넓혀주는 것이다. 주방 매뉴얼을 공유함으로써, 아이들은 우유는 어디에 있고, 우유를 따뜻하게 먹기 위해 전자레인지를 어떻게 사용해야 하는지 내게 묻지 않게 되었다. 주방은 나만의 공간이 아니기에, 업데이트되는 주방 매뉴얼이 있다면 아이들에게 공유하고, 함께 최적의 방식을 정하고 있다.

우리는 매일 먹는다. 이는 아이들이 주방에서 선택의 유연함과 현명함을 매일 연습할 수 있다는 뜻이기도 하다. 오늘도 주방을 바쁘게 들락날락하는 아이들이 내게 묻는다.

"엄마, 정수가 좋아? 냉수가 좋아? 아니면 섞는 게 좋아?"

"엄마는 오늘 정수랑 냉수를 섞고 싶은 날이야. 부탁할게!"

"알았어! 엄마가 좋아하는 분홍색 컵에 담아서 줄게!"

아이는 정수와 냉수가 섞인 물을 분홍색 컵에 곱게 담아 식탁 위에 올려둔다. 아이의 표정은 엄마가 좋아하는 걸 해냈다는 충만함으로 가득하다. 자신감이 별건가? 정수와 냉수를 섞을 줄 아는 아이들이 내심 자랑스럽다.

Chapter. 4

현관: 하루의 기분이 달라지는
수납 인테리어

유달리 기분 좋은 퇴근길이 있다. 라디오에서 마침 내가 가장 좋아하는 노래가 흘러나오거나, 운전하는 동안 노을 지는 하늘을 만나는 등과 같은 특별한 날이다. 그날의 퇴근길도 그랬다. 미세먼지 하나 없는 청명한 하늘이 노을로 물드는 순간을 운전하는 동안 만났고, 가을을 머금은 신청곡도 만났다. 콧노래를 부르며 현관문 비밀번호를 누르고, 두터운 문을 열고 현관으로 들어선 순간 기분이 확 나빠졌다. 내가 기분이 나빠진 이유는 무엇이었을까? 현관에 놓인, 갈 곳 잃은 물건들 때문이었다. 차에 가져다 두려고 꺼내 놓은 차량용품 박스, 버리기도 쓰기도 애매해서 거취를 정하지 못한 아이 장난감 박스가 유달리 눈에 띄었다. 현관은 우리가 좋으나

싫으나 집에 들어가기 위해 반드시 통과해야 하는 첫 번째 공간이다. 그렇기에 현관을 집의 '얼굴'이라고도 부른다. 현관을 어떤 모습으로 마주하느냐에 따라 좋았던 기분이 나빠지기도, 나빴던 기분이 다시 좋아지기도 한다. 그날 현관에 적체되어 있던 물건들을 정리했다. 아이들에게도 현관이 기분 좋게 시작할 수 있는 출발 지점이자 배움의 공간이 되기를 바랐다. 기분 좋은 현관을 만드는 세 가지 관문을 통과해 보자.

정리가 시작되는 첫 번째 관문: 신발 정리

° ° °

현관에서 우리가 가장 먼저 하는 행동을 떠올려보자. 신발 벗기다. 신발을 벗어야지만 아늑한 집으로 들어갈 수 있다. 하지만 신발을 벗는 것에서만 끝나서는 안 된다. 신발을 제자리에 정리하는 것까지가 현관문에서 끝내야 할 첫 번째 관문이다. 아이들에게 "신발 제대로 정리해!"라는 잔소리를 하기 전에, 먼저 '어디에' 정리해야 하는지 구역을 정해줘야 한다. 아이들에게는 모두 '스스로 하고자 하는 마음'이 있지만, 아직은 '스스로 하는 방법'을 모르기 때문이다. 우리의 역할은 그 마음이 행동으로 이어질 수 있게끔 환경을 조성해 주는 일이다.

우리 집에는 '신발 정리 존(zone)'이 있다. 신발 정리 존에는 두 가지 규칙이 있다. 첫 번째는, 자주 신는 신발과 좋아하는 신발 두 켤레를 각자 고르는 것이다. 신발이 현관에 많이 놓일수록 정리가 힘든 건 기정사실이기에, 두 켤레로 정했다. 두 번째는, 신발을 놓는 구역을 스티커로 표시하는 것이다. 동그라미 색 스티커를 각자 골라 본인의 신발 정리 자리를 정했다. 신발을 자신이 정한 스티커 자리에 올려두기만 하면 되었기에 정리가 손쉽게 이루어졌다. 서로의 신발 정리 구역이 명확하니 한 가지 좋은 점이 생겼다. 아직 정리되지 않은 신발이 있을 땐 대신 정리해 주기에도 쉬웠다.

"엄마! 신발 정리가 제대로 안 됐어. 여기에 내가 다시 놓아줄게!" 고맙게도 둘째가 내게 자주 하는 말이다. ⇒ 213쪽

정리가 시작되는 두 번째 관문: 가방 정리

°°°

아이가 하원 또는 하교할 때 신발 정리와 함께 동시에 이루어지는 활동 한 가지가 있다. 등에 메고 있는 가방 정리다. 그런데 문제는 가방 정리를 아이가 아닌 엄마가 해주는 경우가 많다는 사실이다. 가방 정리를 엄마가 대신 하게 되면 잃게 되는 두 가지가 있다. 첫 번째는, 그날 했던 공부에 대한 복기이고, 두 번째는 해야 하는 과제 준비다. 아이가 가방을 여는 주체자가 되어야만 아이는 그날 배운 것들을 직접 손으로 꺼내며 다시 한번 복기하는 기회를 얻을 수 있다. '무엇을' 배웠는지에 대한 복기는, 무엇을 '준비'해야 하는지에 관한 계획으로까지 이어진다. 그렇기에 나는 아이들이

가방 정리를 스스로 하는 걸 무엇보다 중요한 생활 습관으로 생각했다. 우리 집에서는 아이가 어린이집을 다니는 네 살 때부터 가방 정리를 스스로 할 수 있도록 환경을 조성했다. "오늘부터 가방 정리 혼자 하는 거야!"라는 공허한 메아리가 되지 않기 위해 내가 했던 한 가지는, 신발 정리 존과 같이 '가방 정리 존'을 만들어 두는 것이었다.

'가방 정리 존'이라는 명칭이 거창해 보여서 부담스럽게 느껴질 수 있지만, 준비 방법은 전혀 거창하지 않다. 다이소 상자 또는 가방걸이 제품을 현관문 앞에 두기만 하면 된다. 나는 현관문 앞에 아이 둘 가방이 넉넉히 들어갈 크기의 다이소 상자 하나를 가져다 두었다. 스스로 가방을 정리하고 싶어도, 그 가방을 어디에 두어야 하는지 명확하지 않을 때 혼란이 온다. 하원이나 하교 후, 가방을 정리하는 곳이 정확히 '어디'인지 구역을 정해주었을 뿐인데 아이들은 놀랍게도 스스로 가방을 정리하기 시작했다. 현관문을 열자마자 아이들은 신발을 정리하고 다이소 상자 안에 가방을 넣는다. 그리고 그 안에서 오늘 배웠던 것들을 꺼내며 내게 설명하고, 내일 준비할 것들을 미리 챙겨 넣는다. ⇒ 213쪽

정리가 시작되는 세 번째 관문: 소모품 정리

∘∘∘

두 가지 관문이 현관문에서 들어올 때의 루틴이었다면, 세 번째

관문은 현관을 나갈 때와 관련이 있다. 우리는 현관을 들어올 때 이용하기도 하지만, 밖으로 나갈 때 이용하기도 한다. 나가면서 아이들이 마지막으로 점검할 수 있는 부분이 무엇이 있을까? 자신의 건강을 위해 스스로 챙겨야 하는 부분이 무엇일까? 나는 '마스크'라고 생각한다.

　코로나가 한창 심했던 2년 전부터 우리 집에선 마스크 걸이를 썼다. 가족 네 명이 각자 고른 동물 캐릭터인 마스크 걸이였다. 호랑이, 북극곰, 고양이, 강아지 네 가지 캐릭터였다. 마스크 걸이는 아이들이 직접 사용해야 하므로 끝이 뾰족하지 않고 둥글게 처리된 제품으로 골랐고, 아이들이 쉽게 걸고 뺄 수 있도록 눈높이에 맞게 현관문에 부착했다. 코로나가 종료된 지금도 계절마다 다양한 바이러스들이 존재한다. 마스크를 쓰는 것과 마스크를 쓰지 않는 것의 차이점을 아이들은 실제 병원에 방문하는 횟수를 통해 직접 느꼈다. 미세먼지가 심한 날, 바람이 많이 부는 날, 독감이 유행하는 날 등 마스크를 써야 하는 날에는 내가 먼저 말하지 않아도 아이들이 마스크 걸이에서 직접 마스크를 꺼낸다. 첫째는 포켓몬이 그려진 마스크를 쓰고 싶어서 자신의 용돈을 모아 구매하기도 했다. 전날부터 마스크를 고심해서 골라 마스크 걸이에 미리 걸어두며 다가올 내일을 설레며 기다렸다. 이처럼 아이들은 현관문을 나가기 전, 자신의 건강을 위해 스스로 할 수 있는 일을 마지막으로 점검하고 문을 연다.

　현관을 들어오고 나가는 세 가지 관문을 통과하며 아이들이 주도적으로 하는 일들이 쌓인다. 이렇게 쌓은 마음은 아이에게 결국 자신감이 된다. 아이가 자신의 세상으로 나가는 문을 열 때, 그리고 자신의 하루를 마치고 집으로 돌아왔을 때 '내가 할 수 있는 일들로 채워진 현관 안에서' 좋은 기분을 만끽하기를 바란다.

Chapter. 5

아이방: 공부 동기가 생기는
시각 인테리어

"1, 2, 3, 4… 엄마! 107개나 있어!"

방에서 나온 107개의 정체가 뭘까? 문제집도 아니고, 스케치북도 아닌, 보드게임이었다. 토요일 오후, 아이들과 함께 방에 있는 보드게임을 정리했는데 무려 107개가 나왔다. 충분히 놀아서 더 이상 손이 가지 않는 보드게임은 중고로 팔기 위해 한 공간에 모아두고, 최근에 가족들과 재밌게 했던 보드게임만 모아서 다른 공간에 모아두었다. 모아둔 보드게임은 아이와 함께 서랍장에 차곡차곡 정리했다. 정리하는 동안 아이는 '이건 오늘 하고, 이건 내일 하고, 이건 친구들이랑 해보고!'라는 말과 함께 콧노래를 흥얼거렸다. 아이 방문을 열면 가장 먼저 보드게임이 보인다. 책, 학습서 등으로 아이 방을 구성할 수도 있지만, 나는 왜 학습서가 아닌 보드게임으로 아이들 방을 꾸민 걸까? 그건 보드게임이야말로 아이들을 거실로 유인해 낼 일등 공신이자, 아이들의 공부 동기까지 이어줄 연결다리라는 것을 믿었기 때문이다.

공부하고 싶다고 새벽 여섯 시에 일어나는
아이의 진짜 속마음

∘∘∘

우리 집에선 아이가 간단한 규칙을 이해하고 놀이에 참여할 수 있는 네 살 무렵부터 보드게임을 시작했다. 보드게임을 처음 시작한 이유는 간단했다. 아이와 놀이하며 보내는 시간에 엄마인 나도 즐거워지고 싶었기 때문이다. 아이와 놀아주기 힘든 이유는 엄마의 관심 영역과 무관한 역할 놀이를 끊임없이 이어가야 하기 때문이다. 놀이가 아이의 발달에 도움이 된다는 걸 알지만 지루한 건 지루한 거다. 그때 시작한 것이 보드게임이었다. 아이와 함께 게임에 참여하는 동안 나도 진심으로 몰입했다. 아이와 공동 관심사가 딱 맞아떨어지는 지점이었다. 보드게임을 통해 아이와 내가 즐겁게 시간을 보낸 것만으로도 충분한데, 보드게임은 또 다른 긍정적인 효과까지 불러왔다.

보드게임도 게임의 일종이니 누군가가 지는 일이 반드시 생긴다. 승자와 패자가 확실한 게임의 세계에서 아이는 '한 번 더'를 통해 결과가 달라질 수 있다는 것을 배우기도 했고, 자신이 늘 이길 수 없다는 세상의 이치를 깨닫기도 했다. 또한 아이의 학습 능력까지 덤으로 업그레이드시켜 줄 좋은 학습 보드게임도 많았다. 특히 수학과 관련된 다양한 연산 보드게임은 아이와 책상에서 실랑이하지 않아도 문제집 한 권을 푼 효과를 냈다. 그런데 이런 긍정적인 효과를 꾸준하게 이어가기 위해서는, 보드게임을 '지속적'으로 이어갈 수 있는 규칙이 필요했다. 그래서 나는 아이들과 매일 해야 하는 하루 계획표에 보드게임을 넣어두었다. 또한 보드게임을 하기 위해 꼭 지켜야 하는 규칙 하나가 있었다. 바로 하루 계획표에 있는 '공부'를 모두 한 후에 할 수 있다는 것이었다. 엄마 아빠와 하는 보드게임 30분을 확보하기 위해 아이는 놀라운 선택 하나를 했다.

아이가 자발적 새벽 기상을 하기 시작한 것이었다. 아이는 새벽에 일어난 엄마 옆에서 하루 계획표에 있는 공부를 미리 끝냈더니, 저녁에 자유시간이 늘어난 것을 직접 경험했다. 그리고 새벽 공부를 통해 가족과 거실에 모여 보드게임을 할 수 있는 시간도 대폭 늘어난 것을 직접 느꼈다. '일찍 일어났더니 보드게임을 많이 할 수 있네?'라는 것을 깨달은 것이다. 이후부터 아이는 아침에 일어나면 가장 먼저 계획표를 살펴보고 오늘 해야 할 공부를 스스로 하기 시작했다. 엄마의 잔소리로는 절대 만들 수 없는, 말 그대로 보드게임이 재밌어서 생긴 공부 동기였다. 많은 엄마가 아이 공부 동기를 키워주는 일이 가장 어렵다고 말한다. 그런데 이는 공부 동기를 키우기 위해, 말 그대로 '학습'에서만 답을 찾아서 그런 거다. 학습과는 거리가 멀어 보였지만, 거실에 모여서 가족이 보드게임을 꾸준히 했던 것이 아이의 공부 흥미를 높이는 가장 큰 동력이 되었다. 잘하려는 의욕이 앞서다 보면 오늘 당장 해결해야 하는 것만 근시안적으로 보인다. 그러다 보면 더 좋은 방법이 있음에도, 단편적인 면에 갇히게 된다. 그럴 때일수록 잠시 한 발짝 물러나 보자. 멀리 내다보는 자녀교육의 핵심이 될 수 있는 보드게임, 어떻게 정리하면 좋을까?

멀리 보는 자녀교육을 위한 보드게임 선택부터 정리까지

∘∘∘

보드게임을 아이들과 꾸준하게 활용하기 위해서는 선택과 정리가 필요하다. 보드게임 선택과 정리를 위한 중요한 한 가지 원칙을 각각 소개하고자 한다.

보드게임 정리를 위해 기억해야 할 점은, 잘 보여야 한다는 것이다. 우선 어떤 보드게임이 있는지 알아야 아이도 보드게임을 가져올 수 있다. 그러기 위해서는 보드게임이 아이의 방에 잘 보이는 공간에 위치해야 한다. 나는 '잘 보이는 보드게임'을 위해 미니카 수납대를 이용했다. 아이가 4~5세 때는 미니카에 관심이 많았다. 미니카 역시 아이가 스스로 꺼내서 놀고 정리할 수 있도록 전면 수납대를 이용했었다. 아이의 관심이 서서히 보드게임으로 옮겨가고, 보드게임의 개수가 많아질수록 미니카 수납대를 버리지 않고 보드게임 정리함으로 활용했다. 나는 이걸 작은 생각의 전환이라고 부른다. 보드게임을 위해 수납함을 하나 더 들인다고 생각하면, 부담이 커진다. 비용은 둘째 치고 공간이 필요해지기 때문이다. 그러니 이미 집 안에 있는 다양한 정리함을 살펴보자. 보드게임을 위한 수납장을 따로 사는 것보다, 아이의 흥미가 떨어진 물품이 수납되어있는 수납함의 용도를 바꿔주는 것이 오늘 당장 보드게임을 정리할 수 있는 가장 큰 팁이다. 다만 정리 시 기억해야 할 점은, 보드게임의 이름이나 내용이 보일 수 있도록 하는 것이다. ⇒ 213쪽

보드게임 선택을 위해 기억해야 할 점은, 아이의 발달에 맞는 보드게임을 골라야 한다는 것이다. 보드게임을 아이와 함께하면 좋은 점은 엄마가 바로 옆에서 아이의 현재 흥미나 학습 수준을 느낄 수 있다는 것이다. 말 그대로 게임을 함께하기에 알게 되는 지점이다. 아이가 푼 문제집을 채점할 때보다 훨씬 더 생동감 있고 즉각적으로 아이의 흥미와 수준을 알아차릴 수 있다. 아이와 한창 즐겁게 하던 두 자릿수 연산 게임인 〈포켓몬 99〉를 할 때 있었던 일이다. 아이가 유독 23-19, 35-19처럼 9가 들어간 뺄셈을 어려워했다. 게임을 통해 아이가 어려워하는 연산을 알 수 있었고, 어떤 지점을 보충하여 설명해야 할지 정할 수 있었다. 아이와 9가 들어간 뺄셈을 따로 연습했고, 아이 역시 스스로 쉽게 계산하는 방법을 고민했다. 다시 보드게임을 했을 때 아이는 전보다 훨씬 자신감 있게 암산하며, 즐기는 모습을 보였다. 이처럼 보드게임을 통해 아이

의 현재 학습 수준도 엄마가 피부로 느낄 수 있다. 아이가 보충해야 하는 모습을 보인다면, 그것을 메꿔줄 수 있는 보드게임을 찾아 함께 해보자. 아이가 충분히 연습했다면, 현재 수준보다 난이도가 높은 보드게임을 찾아 제시해 보자. 이처럼 아이의 발달에 맞는 보드게임을 꾸준히 정비하면, 보드게임에 대한 흥미를 잃지 않으면서 학습 수준까지 조금씩 향상되는 걸 느낄 수 있을 것이다.

하준이가 일곱 살 때 〈모두의 마블〉이라는 게임을 가족끼리 무척 즐겨서 했다. '22+8+24+40'을 보자마자 하준이는 "엄마! 94만 원 내세요!"라고 소리쳤다. 꽤 복잡한 연산인데 아이가 단숨에 계산한 걸 보며 다시 한번 느꼈다. 문제집 몇 권을 풀어야 가능했을 일이, 하루 30분 동안 가족끼리 웃는 시간을 통해 즐겁게 실현됐다는 것을. 아이는 이 힘을 진짜 공부가 시작될 때 쓰게 될 것이다. 그렇기에 나는 오늘도 아이 방 안에 문제집 대신 보드게임을 넣어둔다.

Chapter. 6

수면방: 아이의 독립심을 높이는
분리 인테리어

"저리 좀 가!"

저리 좀 가라고 말하는 주인공은 나이고, 저리 가야 하는 대상은 신랑이다. 아이가 한 명 있을 때도 비좁았던 침대는 아이 한 명이 더 태어나자 수용 인원을 넘었다. 아이들이 태어났을 때부터 두아이 침대를 따로 마련하여 부부 침대 옆에 붙여두었다. 그런데 아이들은 처음 잘 때는 자신의 침대에서 잠이 들어도 시간이 조금만지나면 부부 침대로 데굴데굴 굴러와 자신의 존재감을 뽐냈다. 아이들이 자라날수록 부부 침대는 비좁아지고, 급기야 매일 밤 신랑에게 옆으로 좀 가라는 말을 해야 했다. 아이들 역시 중간중간 얕은 잠을 자고, 엄마와 아빠도 깊은 잠을 자지 못하는 날들이 이어졌다. 수면은 제3의 인격이라는 말이 있듯이, 수면의 질이 낮아질수록 서로에게 이유 없이 짜증 내는 날이 많아졌다. 서로의 건강한 수면을 보장하기 위한 분리 수면을 해야 할 때였다. 그렇다면, 분리 수면을 어떻게 시작하면 좋을까? 더불어 아이의 교육환경까지 신경 쓴 분리 수면이란 어떤 것일까? 아이의 자립심을 키워주는 수면 분리를 위해선 두 가지 종류의 분리가 필요하다. 바로 공간 분리와 감정 분리다.

공간 분리 솔루션: 아이 방에 작품 전시 공간 만들기

° ° °

이사하기 전에는 아이들 개별 침대를 부부 침대 옆에 붙이는 형태의 반 분리 수면을 택했지만, 이사한 집에서는 두 개의 방에 아이들 각각의 침대를 넣은 분리 수면을 택했다. 내가 분리 수면을 선택한 이유는 단순히 부모 수면의 질을 높이기 위함이 아니라, 아이 수면의 질을 높임으로써 기분 좋게 깨어나는 경험을 보장해 주고 싶었기 때문이다. 분리 수면이 유아의 수면 질을 높인다는 연구 결과는 매우 많다. 서양권 영아 1만여 명을 대상으로 진행된 한 연구에 따르면, 동침 영아의 수면시간이 분리 수면하는 영아보다 최대 49분 짧았다. 또한, 동침 영아의 경우 잠에서 깨었을 때 다시 잠들기 어려워하는 수면 문제가 발생했다는 결과도 있다. 이는 당연히 영아에게만 해당되는 결과가 아닐 것이다.

부모와 아이 모두의 수면 환경이 개선된다는 걸 인지하고 있으면서도, 수면 공간을 분리하지 못하는 큰 이유 중 하나는 '애착 형성'에 대한 두려움 때문이다. 아이와 다른 공간에서 잠을 잔다는 사실만으로 불안함이 스멀스멀 올라온다. '엄마가 없어서 아이 마음이 불안해지면 어쩌지? 애착에 문제가 생기는 거 아닌가?'라는 질문들이 수면 분리를 막곤 한다. 하지만 수면 형태와 영유아-부모 애착에는 아무런 연관성이 없다는 연구 결과가 있다. 영국 켄트대학교 연구진은 2021년 국제학술지 '발달 및 행동 소아과학(Journal of Development & Behavior Pediatrics)'에 실린 연구에서 178쌍의 유아와 부모의 수면 형태가 애착에 미치는 영향을 추적 분석했는데, 수면 형태와 애착과의 상관관계를 발견하지 못했다고 이야기했다. 아이텐 빌긴(Ayten Bilgin) 박사는 "분리 수면 여부는 애착과는 전혀 관련이 없다"라는 말도 덧붙였다. 이처럼 수면 분리는 우리의 생각만큼 심각한 문제를 초래하지 않는다. 오히려 공간을 분리함으로써 아이에게 질 높은 수면, 그리고 혼자서 잠드는 것에 대한 자립심 또한 키워줄 수 있다. 이런 좋은 점들이 있음에도 아이는 당연히 처음부터 부모와 떨어져 잠드는 걸 어려워할 수 있다. 그때 내가 썼던 방법 하나는 아이의 방에 '전시회'를 열어주는 것이었다.

분리 수면이 되기 위해선 아이가 자신의 방에 대한 '애착'이 높아져야 한다. 애착은 저절로 생기는 것이 아니라, 애착이 갈 수 있는 대상이 있어야 한다. 장난감, 책 등 아이가 좋아하는 물품이라면 무엇이든 좋겠지만 나는 더 특별한 대상에 집중했다. 아이가 자신의 마음과 시간을 들여선 만든 '작품'이었다. 아이는 유치원이나 학교에서 늘 무언갈 만들어 온다. 그리고 그 안에는 내가 보지 못한 아이의 시간과 정성이 담겨 있다. 작품의 완성도 여부를 떠나, 아이가 만들어 온 것은 방에 '작은 전시회'를 열어 일정 기간 전시해 두었다. '작은 전시회'를 만드는 방법은 액자 레일을 설치하는 것이다. 벽을 뚫는 타공법도 있고, 벽을 뚫지 않는 무타공법도 있다. 레일 아래로 아이의 작품 네 개 정도를 자랑스럽게 걸어, 오며 가며 아이와 함께 이야기를 나누었다. 아이는 '전시회'가 있는 자신의 공간에 대한 애착이 늘어갔다. ⇒ 213쪽

감정 분리 솔루션: 잠자리 독서를 통한 독립심 키우기

∘∘∘

공간에 대한 분리가 이루어졌다면 이제는 수면 독립을 위한 감정 분리도 함께 이루어져야 한다. 수면 분리의 장점으로 높은 수면의 질과 더불어 아이의 독립심도 키워줄 수 있다. 아이 혼자 부모와 떨어져 스스로 잠드는 행동 자체는 아이의 독립심을 키워주는 중요한 원동력이 된다. 우리 아이들도 네 살, 여섯 살부터 분리 수면을 시작해서 지금은 밤새 깨지 않고 잘 잔다. 중간에 잠이 깨도 스스로 다시 잠드는 방법을 터득했으며, 화장실에 가고 싶으면 용변을 본 뒤에 자신의 방으로 다시 돌아간다. 분리 수면이 성공했던

가장 큰 요인은, 단순히 공간을 분리하는 것만이 아니라 아이들에게 혼자서 잠들 수 있다는 감정도 심어주었기 때문이다. 그 감정의 씨앗을 싹트게 한 것은 '잠자리 독서'였다.

분리 수면의 장점을 알고 나면 엄마는 조급한 마음이 싹튼다. 수면의 질도 높이고, 독립심까지 키워주는 분리 수면을 오늘이라도 당장 시작하고 싶다. 그래서 아이에게 "오늘부터 혼자서 자!"라고 주문한다면 분리 수면은 당연히 실패할 확률이 높다. 감정 분리를 성공하게 하는 잠자리 독서의 규칙이 있다. 아이들이 각자의 방에서 잠들어야 하므로, 잠자리 독서는 아이들 방에서 각자의 방식으로 이루어진다. 잠자리 독서 책은 각자의 방에서 엄마나 아빠와 일대일로 읽는다. 엄마나 아빠가 일대일로 읽어줄 수 없는 경우에는 시간대를 정해 각자의 방에서 읽어주고 잠을 청한다. 잠자리 독서는 '각자의 방'에서 하는 규칙을 지킴으로서, 잠 역시 '각자의 방'에서 자는 것으로 감정 분리가 되었다. 아울러 이 잠자리 독서 시간은 아이가 엄마나 아빠를 온전히 일대일로 누리는 시간이기도 했다. 책을 읽으며 서로의 감정을 보듬었고, 떠오르는 생각을 붙잡아 다정하게 대화를 나누었다. 감정이 충분하게 채워진 아이는 혼자서 잘 수 있는 '자신감'을 키웠다.

이처럼 아이의 수면 독립을 위해 내가 만들었던 교육환경은 작은 전시회와 잠자리 독서, 두 가지였다. 공간과 감정이 분리된 아이들은 자연스럽게 수면까지 자신의 책임 아래로 두었다. 친구들과 이야기할 때면 "나는 혼자서 잘 수 있어!"라고 말하는 아이를 보면 괜스레 웃음이 나온다. 쉽지 않은 일을 해내는 아이가 내심 대견하고, 혼자서 자는 자신에게 자부심을 느끼는 것이 기특하다. 분리 수면으로 인해 아이들은 내가 바랐던 것처럼, 매일 아침 좋은 기분으로 나온다. '잠이 보약이다'라는 옛말은 틀리지 않았다. 매일 잠을 잘 자는 아이는 '보약 한 첩'을 먹고 일어난다. 그리고 아침에 힘차게 이런 인사말을 건넨다.

"엄마. 굿모닝!"

Chapter. 7

세탁실: 빨래로 쌓는
성취감 인테리어

"우리 아이들의 행복을 위해서라도 아이들이 생각하는 인생의 우선순위를 재정비할 필요가 있다. 무조건 남들을 이기고 올라가는 것보다 남들에게 친절하게 대하고 배려하는 마음을 가르칠 필요가 있다. 그리고 그런 것을 위한 가깝고도 쉬운 방법은 사회의 최소 단위인 가정에서 아이들에게 집안일을 권하는 것이다."

하버드대학의 리처드 와이스버드(Richard Weissbourd) 교수는 〈아이들을 행복하게 기르는 법〉이라는 논문에서 아이들을 성공으로 이끄는 입증된 방법 한 가지가 집안일이라고 밝혔다. 집안일을 하면서 손을 쓰다 보면 소뇌의 기능이 발달하여 똑똑해지는데, 여러 가지 집안일을 하다 보면 손을 계속 쓰게 되기에 따라 두뇌 발달을 위해 시간을 들이지 않아도 된다고 말한다. 이처럼 집안일은 아이와 일찍 함께할수록 이득인 셈이다. 생각보다 세심하게 손을 써야 하는 집안일은 뭘까? 다름 아닌 '빨래'다. 빨래라는 집안일 하나를 수행하기 위해 거쳐야 하는 일련의 과정들을 생각해 보자. 옷을 벗는 것, 빨랫감을 분류해서 넣는 것, 세탁기에서 옷을 꺼내는 것, 건조대에 세탁물을 너는 것, 빨래를 개는 것, 빨래를 정리하는 것까지 총 일곱 가지의 과정이 포함된다. 일곱 가지 전부는 아니더라도, 이 중 세 가지 이상은 오늘부터라도 아이와 시작할 수 있다. 그런데 아이의 시작을 돕기 위해선 우리도 교육 환경을 구성해 줘야 한다. 무엇부터 시작하면 좋을까?

안 하고 싶은 게 아니라 몰라서 못하지 않도록

°°°

'하마터면 혼자 빨래할 뻔했다!'

아이들과 함께 빨래를 시작하며 느낀 나의 첫 번째 감정이다. 집안일 중에서도 유독 손이 많이 가고, 시간까지 오래 걸리는 빨래를 아이들과 함께하기 시작하자 손품과 시간이 절반으로 줄어드는 걸 느꼈다. 우리 집 아이들은 빨래에 필요한 여섯 가지 과정(옷을 벗는 것, 빨랫감을 분류해서 넣는 것, 세탁기에서 옷을 꺼내는 것, 건조대에 세탁물을 너는 것, 빨래를 개는 것, 빨래를 정리하는 것) 중 세탁기에서 옷을 꺼내는 것을 제외한 다섯 가지를 모두 하고 있다.

네 살부터 스스로 씻기 시작했던 아이들은 옷을 벗는 것 또한 혼자 한다. 옷을 벗자마자 빨래통에 넣어두고, 목욕한 뒤 쓴 수건도 분류해서 넣어둔다. 세탁기에서 내가 빨랫감을 꺼내 오면 아이들이 옷걸이를 이용해서 건조대에 옷을 넌다. 빨래가 모두 마른 뒤엔 옹기종기 모여 빨래를 함께 개고, 완성된 빨랫감들을 들고 자신의 방에 가서 정리한다. 속옷은 속옷 칸에, 양말은 양말 칸에, 그리고 옷걸이에 걸린 옷들은 행거에 걸어둔다. 다섯 살 아이도 해내는 여섯 가지 과정의 비결이 무엇인지 묻는다면, 아이들에게 정확한 방법과 장소를 안내했다는 것이다.

빨래에 참여하는 아이들을 보며 느낀 건 '안 하고 싶은 게 아니라 몰라서 못 하는 거구나'라는 것이었다. 엄마가 "오늘부터 빨래 같이 하자!"라고 말하면, 아이들은 빨래에 어떤 과정이나 단계가 포함되어 있는지 알지 못한다. 아이들은 가족의 일원으로서 엄마를 도와주고 싶은 마음이 있는데, 어떻게 도와야 할지 알지 못하기에 행동으로까지 이어지지 못하는 것이다. 그렇기에 우리는 아이들이 해낼 수 있도록 조금 더 상세하고, 구체적인 방법으로 빨래 디렉션을 주어야 한다.

아이의 성취감을 높이는 두 가지 빨래 디렉션

∘∘∘

아이가 해낼 수 있게 하려면 할 수 있는 환경을 만들어 줘야 한다. 그 뒤에 아이가 할 수 있는지, 어려운지에 대한 이야기를 논하는 것이지 환경을 만들어 주지 않은 채 '하지 않는다'라고 말해서는 안 된다. 내가 아이들과 빨래를 시작할 때 가장 먼저 했던 일은 빨래에 필요한 일곱 가지 과정을 설명한 일이다. 우리의 몸을 따뜻하게 보호해 주고, 심지어 우리를 더 멋지게 꾸며줄 수 있는 옷들은 매일 매일 세탁이라는 과정을 거쳐야 한다는 걸 말했다. 그렇기에 옷에 대한 책임도 함께 져야 한다고 이야기했다. 아이들은 빨래의 과정 중 여섯 가지를 함께할 수 있다고 말했고, 나 또한 아이들이 잘 참여할 수 있도록 도와주겠다고 말했다.

① 첫 번째 디렉션: 정확한 장소 안내

빨래의 핵심은 분류다. 분류만 잘 되어도 빨래가 한결 쉬워지기 때문이다. 초등학교 2학년에 들어가게 되면 자연스럽게 수학에서 분류에 대한 개념을 배우게 되는데, 빨래야말로 아이들이 분류를 직접적으로 체험할 수 있는 생활 속 수학 교구다. 그렇다면 분류를 잘할 수 있도록 빨래통을 만들어 두어야 한다. 우리 집에는 총 세 가지의 빨래통이 있다. '옷, 수건, 다 된 빨래'다. 아이들은 여기서 입은 옷가지를 넣어두는 옷 통, 그리고 사용한 수건을 넣어두는 수건 통, 이렇게 두 가지 통을 사용한다. 아이들에게 빨래통의 용도와 자리 배치를 명확히 알려주었다. 아이들은 장소를 인지하고부터, 언제든 세탁실로 들어가 옷과 수건을 넣어둔다. 그런데 겨울이되니 한 가지 문제점이 생겼다. 세탁실이 너무 추워져서 아이들이 오가다 감기에 걸리게 되는 경우가 많았다. 그때 썼던 방법은 세탁실 문 앞에 작은 빨래통 하나를 더 만들어 두는 것이었다. 아이들은 겨울에만 그 작은 빨래통을 쓴다. 이처럼 간단해 보이는 과정부터 아이들과 연습해야 한다. 자신의 빨래를 어디에 분류해야 하는지, 세탁실에 들어가기 어려운 상황엔 어떤 대안을 마련해야 하는지처럼 말이다. "세탁실이 추워서 들어가기 힘드니 이때만 엄마가 할게"가 아닌, '추워져도 아이가 할 수 있는 방법'을 생각해야 한다.

② 두 번째 디렉션: 정확한 방법 안내

빨래가 끝난 뒤엔 세 가지 과정이 남는다. 빨래를 너는 것, 개는 것, 정리하는 것이다. 우리 집에선 건조기에 돌리는 것과 널어서 말리는 것을 분류한다. 이 과정은 우리 부부가 책임지고 맡는다. 아이들과는 '다 된 빨래통'에서 빨래를 꺼내 건조대에 널어서 말리는 걸 함께한다. 속옷이나 양말 등은 건조대에 올려두고, 옷은 옷걸이에 넣어서 건조대에 걸도록 방법을 알려주었다. 아이들이 당연히 처음에는 어설프다. 옷걸이에 옷을 걸 때 단추를 풀어야 쉽다는 것, 어려울 땐 옷을 눕혀서 옷걸이에 넣어야 한다는 점 등 아이들이 어려워할 땐 함께 이야기하며 문제를 해결해 나갔다. 이 과정에서 아이들은 자연스럽게 많은 것들을 배운다. '빨래의 양이 생각보다 많다는 것, 빨래가 시간이 든다는 것'과 같은 가치 이외에도 '단추 푸는 법, 옷을 옷걸이에 제대로 끼우는 법' 등 아이의 소근육 발달이나 실생활 습관을 잡아줄 수 있는 학습법도 함께 배운다.

빨래가 다 마르면 우리 가족은 한 번 더 거실에 옹기종기 모인다. 속옷이나 양말 같은 빨랫감은 생각보다 개는 방법이 간단하다. 색종이 접기를 하는 아이라면 누구든지 할 수 있다. 아이들에게도 빨래를 개는 것이 '색종이 접기'와 비슷하다고 말해주면, 아이들이 단번에 이해한다. 다 갠 속옷이나 양말은 자신의 방에 있는 수납함에 들고 가서 정리한다. 양말 칸, 속옷 칸이 아이마다 따로 마련되어 있기에 아이들이 쉽게 정리한다. 아이들 빨래 정리를 원활하게 돕고자 한다면, 아이에게 본인의 속옷이나 양말을 넣는 공간을 만들어 줘야 한다. 옷걸이에 걸어서 말린 옷들은 그대로 행거에 걸기만 하면 되기에 더 수월하다. 엄마가 혼자서 하면 족히 30분은 걸릴 일이, 아이와 함께 할 땐 15분이면 끝난다. 시간은 줄었지만, 신기하게 성취감은 늘었다. 아이가 스스로 해낸 여섯 가지 과정에서 아이는 매일 가족의 일원으로서 참여하며 배운다.

아이는 유치원에서, 그리고 학교에서, 더 나아가 사회에서 매번 성공하진 못할 것이다. 그런데 가족 내에서 자신의 역할이 단순히 '공부'하는 것만이 아닌, '빨래'를 함께하는 것만으로도 아이는 숨 쉴 공간이 생긴다. 그렇기에 집안일은 아이들에게 노동이 아닌 역할인 셈이다. 아이가 사회의 최소한의 공간 속에서 책임감을 연습하고, 성취를 쌓을 수 있는 도구로 빨래를 현명하게 활용하자.

모든 엄마는 우리 아이만의
교육 환경 구성 전문가입니다

"엄마, 5교시가 생각보다 너무 힘들어."

1학년에 갓 입학한 아이가 학교에 가고 3주가 되고 나서야 거실에서 털어놓은 진심이다. 그간 학교에 다녀오면 "생각보다 즐겁다, 재밌었다"라는 말만 하고 힘들단 말을 하진 않았는데, 꾹꾹 눌러놓았던 마음의 둑이 터졌나 보다. "가기 싫다"라는 말이 나와도 이상하지 않겠다 싶었는데, 그다음에 이어지는 아이의 말은 내 예상과 달랐다.

"엄마, 나 그래도 힘을 내고 있어. 엄마가 필통에 써준 쪽지를 보면 엄마 얼굴이 그려지거든!"

거실에서 하루에 딱 5분을 투자해서 아이에게 포스트잇 편지를 쓴다. 그리고 잠들기 전, 아이의 필통 안에 편지를 넣어둔다. 이 편지들은 별도의 공책에 하나하나 붙이고 있다. 다시 오지 않을 아이의 하루와 아무리 표현해도 부족한 나의 사랑이 포스트잇 안에 담겨 있다.

포스트잇 편지를 시작한 이유는 아이의 성향과 관계가 크다. 아이의 1학년을 응원하고 싶은 마음도 강했지만, 참고 참다 말하는 아이의 성격을 알았기 때문이다. 아이는 참기만 하다 마음이 곪는 경우가 많았다. 곪기 전에 말했으면 하는 게 엄마의 마음인데, 아이는 그게 쉽지 않으니 우리를 이어줄 다리 하나가 필요했다. 그때 다리로 사용한 게 포스트잇이다. 아이는 포스트잇이라는 다리를 통해 거실로 건너왔다. 그리고 거실에서 어수룩한 본인의 모습을 솔직하게 고백한다. 나는 이 지점에서 거실이 우리에게 가져다준 큰 선물을 느낀다. 바로, '말할 용기'다. 이 용기를 가진 후부터 아이는 예전보다 마음이 저만치 가버리게 두지 않는다. 마음의 진행 속도에 따라 필요한 이야기를 거실에 툭툭 내려놓는다. 아이가 저 혼자 간직하지 않고 적절한 시기마다 마음 주머니를 거실 위에 펼쳐놓아 주니 얼마나 다행인지 모른다. 아이를 도울 기회가 아직 내게 남아 있기 때문이다.

좋은 거실에서 자란 아이는 본인이 스스로 할 수 있는 힘이 있는 아이라는 것을 느낀다. 그리고 이를 통해 아이는 '말할 용기'를 가지게 된다. 자신의 어려움과 두려움을 말하는 것이 부모를 실망시키는 일이 아니라는 걸 거실에서 배웠기 때문이다. 어떤 갈등이라도 그 시작점으로 거슬러 올라가 보면, 말하지 않았기 때문에 생기는 경우가 많다. 가까운 사이일수록 더 그렇다.

"내 마음을 엄마는 알겠지."

"내 진심을 우리 아이는 알아주겠지."

이 말들은 나중에 하나의 말로 귀결된다.

"말해봤자 소용없을 거야."

부모와 자녀도 결국은 사람과 사람의 관계다. 말하지 않으면 알지 못하는 서로의 마음이 있다. 그리고 이 마음에는 용기가 필요하다. 부족한 나를 드러낼 연습, 서로의 도움이 필요하다고 말하는 연습, 방법을 모르겠다고 말하는 연습. 아이들이 자라날수록 관계는 더 복잡하고 다양한 문제를 품는다. 이때마다 거실에서 만난 가장 신뢰로운 존재에게 자신의 마음을 내려놓을 수 있다면 얼마나 좋을까? 자신의 가장 부족한 모습을 품어주는 공간이 있다는 사실만으로 아이는 무엇이든 해낼 힘을 얻는다. 바로 이것이야말로, 거실 육아를 통해 내가 가장 구현하고자 했던 가치의 본질이다.

나는 거실 육아를 통해 아직은 미숙하고, 어수룩하고, 연습이 필요할 수 있는 아이를 도울 기회를 매번 만난다. 아직 내가 아이를 위해 고민하고, 해줄 수 있는 것들이 남아 있다는 사실이 감사하다. 기회는 고민이 되고, 고민은 결국 아이가 스스로 할 수 있는 교육 환경 구성으로 나아간다. 내 아이의 전문가는 다름 아닌 나다. 그렇기에 거실 육아를 꿈꾸는 모든 엄마는 내 아이만의 교육 환경 구성 전문가가 될 수 있다. 거실 육아를 지향하는 모든 가정에서 이 기회

를 놓치지 않기를 바란다. 내 아이의 역량을 최대로 끌어올릴 기회
는 우리가 일상을 만드는 거실에서 이뤄진다. 다만, 하고자 하는 마
음은 충분해도 무엇부터 시작하면 좋을지 방법이 어려운 분들을
위해 이 책을 썼다. 나의 책이 작은 가이드 역할을 해줄 수 있다면,
그것만으로도 내겐 큰 기쁨이자 감동이겠다. 당신만이 만들어 낼
수 있는 아이의 첫 번째 학군지의 모습을 기대한다.

우리가 만들 기회의 공간에서

임가은 드림

막막할 때 꺼내보는
거실 육아 품목 리스트

막막할 때 꺼내보는 거실 육아 품목 리스트를 만든 이유는, 저 역시 거실 육아를 위한 제품 정보를 찾기 위해 많은 시간을 들였기 때문입니다. 거실 육아 환경을 구성할 때 참고가 되는 리스트가 있다면 우리 집만의 거실 공간을 만드는 데 조금 더 좋은 선택을 할 수 있는 기준이 될 수 있으리라 생각됩니다.

아래 리스트는 제가 교육 환경을 구성하기 위한 일정한 교육적 기준을 가지고 선택한 제품들입니다. 부탁드리고 싶은 유의점 두 가지가 있습니다. 첫째, 대략적인 가격대를 적어두었지만 다양한 요소로 인해 가격변동이 생길 수 있습니다. 둘째, 꼭 같은 제품을 구매하시지 않으셔도 됩니다. 제품을 검색하실 때 연관되는 비슷한 제품들을 살펴보시고, 각 가정에 맞는 최적의 제품을 찾으시는 것이 가장 현명한 방법입니다.

중요한 건, 나만의 기준을 가지고 제품을 선택하는 연습을 하는 것입니다. 제품을 선택하는 기준에 참고가 될 수 있도록, 제품을 선택한 이유를 교육 환경 측면으로 책에 소개해 두었습니다. 쉽게 찾으실 수 있도록 책의 페이지도 함께 첨부하였으니, 살펴봐 주세요.

Part1. 거실 환경

제품명	이미지	실제 적용 예시	가격(천원)	선택 이유	페이지
페이퍼팝 DIY 종이책장			16	비싼 맞춤형 가구를 쓰지 않아도 낮은 가격과 안전성이 보장된 제품으로 거실 서재화를 시작할 수 있는 제품	24p
클리어 리빙 박스 소형			2	침대 밑, 소파 밑, 아이 방 옆 등 곳곳에 두고 책 노출 빈도수를 높일 수 있는 제품	25p
데스커 W1200 6단 책상세트 콘센트형 (조명, 상부도어)			820	독립의 동력을 이어가기 위한 엄마의 공간 구성 제품	29p
데스커 W600 6단 목제책장 서랍형			355		
프리츠 한센 이케바나 롱 화병			320	기분 좋은 거실을 만들기 위해 좋아하는 것으로 꾸민 액세서리 제품	31p
삼성전자 더프레임 TV 플랫 화이트 베젤			3,500	공개된 장소에서 조절력을 키울 수 있도록 회피 전략을 활용한 TV 제품	36p

부록 l 아이를 위한 거실 용품 리스트

제품명	이미지	실제 적용 예시	가격(천원)	선택 이유	페이지
코모도 홈 PIANO 모델			3,300	책 읽고 싶은 소파로 만드는 다섯 가지 체크리스트에 부합하는 기준을 가진 제품	47p
다만들어 가구공방			2,800	다양한 그림책 수납 및 우리 집 맞춤형 도서관을 만들기 위한 거실 서재화 제품	57p
플랫포인트 디어 세라믹 (비앙코, 2200mm)			1,980	아이의 자립심을 키워주기 위한 두 가지 기준인 얼룩이 쉽게 지워지고, 스크래치에 강한 제품.	67p
플랫포인트 디어 패브릭 체어			306	쉽게 지워지는 소재에 아이들이 오래 앉아 있어도 편한 디자인 제품	69p

Part2. 거실 공부

가격은 출간일 기준

제품명	이미지	실제 적용 예시	가격(천원)	선택 이유	페이지
시디즈 아띠 시리즈 세트			158	4~7세 전조작기 시기의 아이들에게 적합한 제품이라 판단하여 선택한 제품	78p
일룸 피넛형 그로잉 책상 (1200폭)			169	7세 이후 구체적 조작기 발달단계에 적합한 제품이라 판단하여 선택한 제품	79p

Part4. 거실 인프라

가격은 출간일 기준

제품명	이미지	실제 적용 예시	가격(천원)	선택 이유	페이지
프로그 유아 수건걸이			10	아이용 수건걸이를 둠으로써 스스로 손을 씻고 닦는 생활습관을 기를 수 있는 제품	169p
다이소 클리어 뚜껑 수납함			3	아이들이 수건을 스스로 꺼내서 사용할 수 있도록 수건을 보관한 제품	170p
치약 홀더			1.5	아이들이 쉽게 꺼내 쓸 수 있는 곳에 부착해서 사용하는 제품	171p
거꾸로 양치컵			6	아이들이 쉽게 꺼낼 수 있는 곳에 부착할 수 있으며 물이 고이지 않아 위생적으로 관리가 가능한 제품	171p
문어발 칫솔 걸이			2	아이들 손에 닿는 곳에 어디든 부착할 수 있는 제품	171p
미하우 소품 수납함			3.2	어린이용 가그린과 치실을 깔끔하게 보관할 수 있으며 아이들 손이 닿는 곳에 둘 수 있는 제품	171p
네이쳐리빙 안전 발받침			9	주방에 있는 용품을 아이들이 언제든 손쉽게 꺼낼 수 있도록 도와주는 제품	177p

거실유아

제품명		가격	설명	페이지
신발 구역 스티커		1	가족별 스티커 색깔을 정해 신발 정리 구역을 정할 수 있도록 도와주는 제품	182p
다이소 직사각 리빙 박스 대형		5	가방 정리 구역을 정하는 가격대가 낮은 제품 (손쉽게 시작할 수 있다는 장점이 큰 제품)	183p
베베조아 가방걸이		70	가방 정리 구역을 정하는 가격대가 높은 제품 (가격대가 높은 만큼 미적 효과가 있으며, 가방을 꺼내는 번거로움을 줄여주는 제품)	183p
자운영 디자인 원목 미니카 정리대 (6칸)	미니카 수납장으로 이용 보드게임 수납장으로 이용	65	사용하는 제품을 직관적으로 보관할 수 있는 제품 (아이의 흥미 및 발달단계에 따라 미니카 수납대로 사용하다 보드게임 수납대로 변경하여 수납할 수 있음)	190p
마이토우 액자레일		35.8	자신의 방에 대한 애착을 높일 수 있도록 작은 전시회를 구성할 수 있는 제품	195p

아이방에 두면 좋을
보드게임 리스트

연령	보드게임	추천 이유
4세 이상	소리 탐정	소리를 듣고 추측하여 알맞은 조각을 찾는 청각 활동이며, 범인을 찾는 재미가 있음
	징고	빙고 게임과 영어가 만나 즐겁게 영어 단어와 그림을 익힐 수 있음
	개구리 먹이 주기	정확한 타이밍에 개구리 입 안으로 먹이를 넣어야 하기에 집중력과 순발력을 키울 수 있음
	당근질주 토끼운동회	수 카드와 함정 카드를 읽고 이해해야 하며, 꼭대기 당근까지 도착하는 즐거움과 성취감이 있음
	텀블링 몽키	이해하기 쉬운 규칙이며, 집중과 협응력을 동시에 향상시킬 수 있음
	흔들흔들 피자토핑	주사위를 굴려 흔들거리는 피자판 위에 알맞은 토핑을 올리는 게임이며, 인지훈련과 집중력을 키울 수 있음
	꿈꾸는 땅그리나	그림책과 인형이 함께 구성되어 있어 놀이로 자연스럽게 연계하기 좋으며, 주사위를 굴려 알맞은 색을 찾는 인지 능력도 키울 수 있음
5세 이상	펭글루	주사위 두 개를 던진 뒤, 주사위 색상과 일치하는 알을 가진 펭귄을 찾는 게임으로 기억력과 집중력을 키울 수 있음
	슈퍼마리오 뻐끔 플라워	주사위를 던져 뻐끔 플라워를 피해 코인을 많이 모으는 사람이 승리하는 게임으로, 다양한 지령을 이해함과 동시에 긴장감이 있어 즐겁게 게임에 참여할 수 있음
	북극곰 지키기 젠가	환경을 지키기 위한 실천 다짐이 젠가 조각에 적혀 있어서, 게임을 하며 환경 보호의 필요성까지 생각할 수 있음
	탈출! 모래늪	흘러내리는 모래늪에서 끝까지 살아남는 사람이 승리하는 게임으로, 막대기를 빼는 곳을 계산하는 사고력을 키울 수 있음
	도블	다양한 크기의 그림이 그려진 카드 두 장에서 같은 그림을 먼저 찾는 게임으로, 집중력과 순발력을 키울 수 있음

지식부안

연령	게임	설명
	스티키 카멜레온	색깔 주사위의 색과 벌레 주사위의 모양을 확인하여 해당하는 벌레를 끈끈이 혀로 잡는 게임으로, 인지 능력과 협응력을 키울 수 있음
	심술쟁이 고양이	접시를 엎어버리는 심술쟁이 고양이의 접시에 채소를 모두 올리는 사람이 승리하는 게임으로, 긴장감을 가지고 즐겁게 참여할 수 있음
	픽미업	주사위를 던지고 조건에 맞는 타일을 찾은 다음 꿀벌 스틱으로 꽃가루를 찾아오는 게임으로, 집중력과 관찰력을 향상시킬 수 있음
	원카드 국내여행편	카드마다 대한민국의 명소 일러스트가 그려져 있어, 원카드 게임을 하며 자연스럽게 국내 지리에 대한 지식도 키울 수 있음
	쿠키박스	주문서대로 쿠키를 똑같이 배열해야 하는 게임으로, 쉬운 규칙과 액션 요소가 혼합되어 있어 집중력과 사고력을 키울 수 있음
6세~ 7세 이상	상어 아일랜드	주사위를 굴려서 나온 숫자만큼 해적을 움직이거나 금화를 주워서 쫓아오는 상어를 피하는 게임으로, 순발력과 집중력을 키울 수 있음
	8282	8282란 이름 그대로 카드를 빨리 내면 승리하는 게임으로, 빠르게 진행되는 게임을 통해 순발력과 수의 연산 능력을 향상시킬 수 있음
	루핑루이	빙글빙글 돌아가는 루이의 비행기를 누름판으로 튕겨내어 자신의 닭 토큰을 지켜내는 게임으로, 민첩성과 집중력을 높일 수 있음
	셈셈 스피드 사칙연산	펼쳐진 카드에서 연산 기호의 색깔과 같은 색의 숫자를 찾아 연산 기호에 맞게 두 수를 계산하는 게임으로, 빠르고 정확하게 반복 연산하는 힘을 기를 수 있음
	스플렌더 포켓몬	볼을 사용하여 포켓몬을 잡고, 잡은 포켓몬을 진화시켜 점수를 얻는 게임으로 복합적인 사고 능력을 향상시킬 수 있음
	숫자탐정	탐정과 범인이 되어 각 카드마다 쓰여져 있는 숫자 추리를 읽고, 알맞은 숫자 수수께끼를 찾는 게임으로 추리력과 사고력을 키울 수 있음
	모두의 마블	코인과 스타를 모아 쿠파를 쓰러트리는 사람이 이기는 게임으로, 다양한 전략 카드를 사용해야 하기에 종합적인 사고력을 키울 수 있음
8세~ 9세 이상	인생게임 슈퍼마리오	알맞은 시간을 흡착막대로 가져오는 게임으로, 전자시계와 아날로그 시계 보는 방법을 즐겁게 익힐 수 있음
	째깍째깍(놀이속의세상)	알맞은 시간을 흡착막대로 가져오는 게임으로, 전자시계와 아날로그 시계 보는 방법을 즐겁게 익힐 수 있음
	신비아파트 덧셈뺄셈 오목게임	6장의 숫자 카드 중에 원하는 2장을 고른 후 덧셈과 뺄셈을 하여 토큰 5개를 먼저 놓는 사람이 승리하는 게임으로, 연산력을 키울 수 있음
	플레이마블 한국위인전	화폐 계산, 혼합 연산 능력을 키움과 동시에 한국의 다양한 위인에 대해서도 알아갈 수 있는 부루마블 형식의 게임으로, 한국 위인에 관한 역사 지식을 즐겁게 쌓을 수 있음

거실육아

초판 1쇄 발행 2024년 5월 15일
초판 2쇄 발행 2024년 5월 17일

지은이 임가은

편집 박지혜
마케팅 윤해승, 장동철, 윤두열, 양준철
경영지원 황지욱
디자인 *studio* weme
제작 영신사

펴낸곳 ㈜멀리깊이
출판등록 2020년 6월 1일 제406-2020-000057호
주소 03997 서울특별시 마포구 월드컵로20길 41-7, 1층
전자우편 murly@humancube.kr
편집 070-4234-3241 | **마케팅** 02-2039-9463 | **팩스** 02-2039-9460
인스타그램 @murly_books
페이스북 @murlybooks

ISBN 979-11-91439-47-2 (13590)